一看就会

生活食尚编委会◎编

家常菜

吉林科学技术出版社

A / 国内顶级营养大师、烹饪大师，从上万道菜肴中精选出的美味菜品。

B / 手机扫描菜品所属二维码，即可观赏到超详解视频。

一看就会
家常菜

四喜元宝狮子头 DVD Ⓐ

▶ ⚪─────── TIME / 75分钟 ◀▮▮▮

D / 全立体分解步骤图更直观地与您分享菜品制作过程之美。

E / 每道菜都有准确的口味标注，让您第一时间寻找到自己所爱。

C/ 直观易懂的制作步骤，图文并茂地阐述菜品的详细制作过程。

Part 2 营养滋补畜肉菜

- 原 料 -

猪肉末400克/鸡蛋2个/咸鸭蛋4个（蛋黄、蛋清分开）/荸荠25克/大葱、姜块各15克/八角2个/胡椒粉、白糖各少许/酱油、料酒、水淀粉各1大匙/香油2小匙/面粉、淀粉各2大匙/植物油适量

- 制 作 -

① 取少许大葱、姜块洗净，切成碎末，放入猪肉末内，放入胡椒粉、香油、料酒、碾碎的咸鸭蛋清调匀Ⓐ。

② 放入对……荸荠搅拌至上劲，加入面……启Ⓑ。

③ 咸鸭蛋黄粘匀淀粉，用肉馅包成丸子，放入油锅中冲炸一下Ⓒ，取出。

④ 锅留底油烧热，加入八角、葱、姜、料酒、酱油、胡椒粉、味精和清水烧沸。

⑤ 倒入盛有丸子的容器内，放入锅内蒸40分钟Ⓓ，取出丸子；滗出汤汁，水淀粉勾芡Ⓔ，淋香油，浇在丸子上即可。

操作难度 ★★★★☆

TIPS：本套丛书部分视频刻录在随书附赠光盘中

1 打开智能手机（或者平板电脑）的微信扫一扫功能。

2 在良好的光线下，对准本书中菜品的二维码，进行识别扫描。

3 点击播放键，即可欣赏到高清全剧情版烹饪视频。

Author 生活食尚编委会

刘国栋：中国饮食文化国宝级大师，著名国际烹饪大师，商务部授予中华名厨（荣誉奖）称号，全国劳动模范，全国五一劳动奖章获得者，中国餐饮文化大师，世界烹饪大师，国家级餐饮业评委，中国烹饪协会理事。

张明亮：从事餐饮行业40多年，国家第一批特级厨师，中国烹饪大师，国家高级公共营养师，全国餐饮业国家级评委。原全聚德饭庄厨师长、行政总厨，在全国首次烹饪技术考核评定中被评为第一批特级厨师。

李铁钢：《天天饮食》《食全食美》《我家厨房》《厨类拔萃》等电视栏目主持人、嘉宾及烹饪顾问，国际烹饪名师，中国烹饪大师，高级烹饪技师，法国厨皇蓝带勋章，法国美食协会美食博士勋章，远东区最高荣誉主席，世界御厨协会御厨骑士勋章。

张奔腾：中国烹饪大师，饭店与餐饮业国家一级评委，中国管理科学研究院特约高级研究员，辽宁饭店协会副会长，国家高级营养师，中国餐饮文化大师，曾参与和主编饮食类图书近200部，被誉为"中华儒厨"。

韩密和：中国餐饮国家级评委，中国烹饪大师，亚洲蓝带餐饮管理专家，远东大中华区荣誉主席，被授予法国蓝带最高骑士荣誉勋章，现任吉林省饭店餐饮烹饪协会副会长，吉林省厨师厨艺联谊专业委员会会长。

高玉才：享受国务院特殊津贴，国家高级烹调技师，国家公共营养技师，中国烹饪大师，餐饮业国家级考评员，国家职业技能裁判员，吉林省名厨专业委员会会长，吉林省药膳专业委员会会长。

马长海：国务院国资委商业技能认证专家，国家职业技能竞赛裁判员，中国烹饪大师，餐饮业国家级评委，国际酒店烹饪艺术协会秘书长，国家高级营养师，全国职业教育杰出人物。

夏金龙：中国烹饪大师，中国餐饮文化名师，国家高级烹饪技师，中国十大最有发展潜力的青年厨师，全国餐饮业国家级评委，法国国际美食会大中华区荣誉主席。

齐向阳：国家职业技能鉴定高级考评员，中国烹饪名师，高级技师，北方少壮派名厨，首届世界华人美食节烹饪大赛双金得主，北方厨艺协会秘书长，辽宁省餐饮烹饪行业协会副秘书长。

本书摄影：王大龙　杨跃祥

封面题字：徐邦家

吃是一种本能，也是一种修为。

本能表现在摄取的营养物质维持正常的生理指标，使生命正常运转；修为是指在维系生命运转的前提下，吃的是否健康、是否合理、是否养生，是否能通过吃使人体机能、精神面貌、修养理念等达到另一个高度，谓之为爱吃、会吃、讲吃、辩吃的真正美食家。

讲究营养和健康是现今的饮食潮流，享受佳肴美食是人们的减压方式。虽然在繁忙的生活中，工作占据了太多时间，但在紧张工作之余，我们也不妨暂且抛下俗务，走进厨房小天地，用适当的食材、简易的调料、快捷的技法等，烹调出一道道简易、美味、健康并且快捷的家常菜肴，与家人、朋友一齐来分享烹调的乐趣，让生活变得更富姿彩。

家常菜来自民间广大的人民群众中，有着深厚的底蕴，也深受大众的喜爱。家常菜的范围很广，即使是著名的八大菜系、宫廷珍馐，其根本元素还是家常菜，只不过氛围不同而已。我们通过一看就会系列图书介绍给您的家常菜，是集八方美食精选，去繁化简、去糟求精。我们也想通过努力，使您的餐桌上增添一道亮丽的风景线，为您的健康尽一点绵薄之力。

一看就会系列图书图文并茂，讲解翔实，书中的美味菜式不仅配有精美的成品彩图，还针对制作中的关键步骤，加以分解图片说明，让读者能更直观地理解掌握。另外，我们还对其中的重点菜肴配以二维码，您可以用手机或平板电脑扫描二维码，在线观看整个菜品制作过程的视频，真正做到图书和视频的完美融合。

衷心祝愿一看就会系列图书能够成为您家庭生活的好帮手，让您在掌握制作各种家庭健康美味菜肴的同时，还能够轻轻松松地享受烹饪带来的乐趣。

生活食尚编委会

Contents 目录

Part 1
我家蔬果菌藻菜

Part 4
清鲜适口水产品

Part 1
我家蔬果菌藻菜

多味沙拉

▶ ━━━━━◯━━━━━━━━━━━　TIME / 25分钟　◁▮▮▮

口味：鲜咸味

-原 料—

甘蓝丝、洋葱圈、青椒圈、红椒圈、胡萝卜丝、水发木耳、苦苣段、生菜、玫瑰花瓣、法香末各适量／香葱花、蒜末、精盐、白糖、芝麻酱、芥末、酱油、陈醋、白葡萄酒、柠檬汁、花椒油、香油、橄榄油各少许

-制 作—

❶ 取大深盘，放入甘蓝丝、苦苣段、生菜丝、木耳、青椒圈、红椒圈、洋葱圈，撒入玫瑰花瓣、胡萝卜丝Ⓐ。

❷ 芝麻酱、白糖、芥末、香葱花、精盐、陈醋、少许凉开水放入碗中搅匀成芝麻酱芥末味汁Ⓑ。

❸ 酱油、花椒油、香油、精盐、白糖、蒜末、香葱花、陈醋放入另一碗中搅匀成椒香沙拉汁Ⓒ。

❹ 大碗中加入白葡萄酒、洋葱末、青红椒末、法香末、橄榄油、柠檬汁、精盐调匀成橄榄油醋汁Ⓓ。

❺ 将码好原料的大盘带3种调味汁一起上桌，根据个人口味拌食即可。

B

白菜炒三丝

TIME / 15分钟 ◁▮▮▮▮

口味: 鲜咸味

-原 料——

白菜300克／水发粉丝150克／胡萝卜100克／香菜段15克／葱丝15克／姜丝5克／精盐、花椒油各1小匙／味精、胡椒粉各1/2小匙／植物油4小匙

-制 作——

① 白菜去根和老叶，用清水洗净，切成细丝Ⓐ；水发粉丝沥水，切成小段；胡萝卜去根，削去外皮，切成细丝，放入沸水锅中焯烫一下，捞出沥水。

② 锅中加入植物油烧热，先下入葱丝、姜丝炒香，再放入白菜丝煸炒片刻Ⓑ。

③ 放入胡萝卜丝、粉丝段、香菜段炒匀，加入精盐、味精、胡椒粉，淋入花椒油，出锅装盘即成。

操作难度
★★☆☆☆

原 料

大白菜1棵／韭菜50克／苹果、鸭梨各1个／大蒜50克／姜块75克／辣椒粉250克／蜂蜜4大匙／
精盐2小匙

制 作

操作难度
★★☆☆☆

① 大蒜剥去外皮，用清水洗净；韭菜洗净，切成碎末。
鸭梨、苹果洗净，削去外皮，去掉果核，切成小块，
放入搅拌机中Ⓐ，加入蜂蜜、精盐打成碎末。

② 加入大蒜瓣、姜块和韭菜末，再次打碎搅匀成浆，
取出倒在容器内Ⓑ，放入辣椒粉拌匀成辣椒酱Ⓒ。

③ 大白菜洗净，先顺切成两半，把每半切成四条，用手
一层一层抹上辣椒酱，盖上盖，腌制7天即可。

自制朝鲜泡菜

▷ ─────○──────── TIME / 7天 ◁▌▐▌ 　　口味：鲜辣味 ↖

白菜虾干汤

▶ ○━━━━━━━━━━ TIME / 25分钟 ◁▮▮▮▯   口味：鲜咸味 ↖

-原 料—

白菜200克／海米（虾干）15克／葱末10克／精盐1/2小匙／味精少许／牛奶3大匙／高汤1000克／熟猪油1小匙

-制 作—

① 白菜取嫩叶，洗净，沥去水分，切成2厘米宽、4厘米长的条Ⓐ；海米去除杂质，放入温水中浸泡30分钟，捞出沥干。

② 坐锅点火，加入熟猪油烧热，先下入海米煸炒片刻，放入葱末炒出香味。

③ 添入高汤，加入白菜叶、精盐、味精烧沸Ⓑ，最后加入牛奶，再沸后撇去浮沫，盛入大碗中即可。

操作难度
★★☆☆☆

八宝菠菜

▶ ━━━━━●━━━━━━━━━━ TIME / 25分钟 ◀▮▮▮▮ 　　　　　　　　　　　口味：鲜咸味

-原 料——

菠菜、胡萝卜丝、冬笋丝、香菇丝、火腿丝、海米、杏仁、核桃仁、口蘑片各适量 / 葱丝、姜丝、精盐、鸡精、料酒、香油、植物油各少许

-制 作——

① 菠菜洗净Ⓐ，切成小段，用沸水略焯，捞出、过凉；火腿切成细丝Ⓑ；口蘑片、核桃仁、杏仁分别放入沸水锅中焯一下，捞出过凉、沥干。

② 锅中加入植物油烧热，下入葱丝、姜丝、火腿丝、海米、料酒煸炒，出锅倒入菠菜碗中。

③ 菠菜碗内加入胡萝卜丝、冬笋丝、香菇丝、精盐、鸡精和香油拌匀，装盘上桌即可。

操作难度
★★★☆☆

-原 料——

菠菜150克/胡萝卜50克/绿豆芽100克/紫菜2张/鸡蛋3个/精盐、芥末、香油各1小匙/白糖、酱油各2小匙/芝麻酱2大匙/白醋、水淀粉各1大匙

-制 作——

1 菠菜去根,洗净,放入沸水锅中焯烫一下,捞出、过凉;胡萝卜去皮,洗净,切成细丝;绿豆芽去根。

2 净锅置火上,加入适量清水烧沸,分别放入胡萝卜丝、绿豆芽焯烫一下,捞出、过凉。

3 芝麻酱、酱油、白醋、白糖、香油、芥末、精盐放入碗内调匀成味汁**A**。

4 锅置火上烧热,倒入加有少许精盐的鸡蛋液**B**,摊成蛋皮后取出**C**。

5 紫菜放案板上**D**,摆上蛋皮,放上菠菜、胡萝卜丝、绿豆芽卷成蔬菜卷**E**,切开装盘,随味汁一同上桌蘸食。

操作难度
★★★☆☆

TIME / 30分钟

DVD 紫菜蔬菜卷

口味：鲜咸味

——原 料——

油菜心300克／鹌鹑蛋20个／小番茄2个／葱段、姜片、精盐、味精、料酒、水淀粉、清汤各适量／
植物油2大匙

——制 作——

1 油菜心切成两半Ⓐ, 放入沸水锅中焯熟, 捞出、过凉;
小番茄切成瓣; 鹌鹑蛋煮熟, 捞出、过凉, 去壳Ⓑ。

2 锅中加入植物油烧热, 下入葱段、姜片炒香, 添入清
汤烧沸, 放入鹌鹑蛋略煮, 捞出沥干。

3 原锅置火上, 放入油菜心、精盐、味精、料酒扒至入
味, 捞出装盘; 再将锅内汤汁用水淀粉勾薄芡, 浇
入盘中, 摆上鹌鹑蛋、番茄瓣即成。

A

操作难度
★★☆☆☆

B

明珠扒菜心

▷ ○————————— TIME / 25分钟 ◁▮▯▯▯   口味: 鲜咸味 ↖

百合银杏炒蜜豆

▶ ──────○────── TIME / 15分钟 ◁▮▮▮

口味：鲜咸味 ↖

-原 料——

甜蜜豆400克 / 鲜百合、银杏各25克 / 葱花、姜丝各5克 / 精盐、味精、鸡精各1/2小匙 / 白糖、水淀粉各1小匙 / 植物油3大匙

-制 作——

1 百合去黑根Ⓐ，洗净；银杏洗净；甜蜜豆切去头尾Ⓑ，洗净；银杏、百合、甜蜜豆下入加有少许精盐和植物油的沸水中焯烫一下Ⓒ，捞出沥干。

2 坐锅点火，加入植物油烧热，下入葱花、姜丝炒香，放入甜蜜豆、银杏、百合炒1分钟。

3 加入精盐、味精、鸡精、白糖翻炒均匀，用水淀粉勾芡，淋入少许明油，即可出锅装盘。

操作难度 ★★☆☆☆

-原 料——

茄子400克/猪肉末75克/青椒、红椒各50克/蒜瓣25克/黄酱2大匙/酱油、料酒各1大匙/白糖2小匙/香油1小匙/清汤、植物油各适量

-制 作——

① 茄子去蒂、去皮④，洗净，切成长条⑤，放入热油锅内煎炸至软，捞出沥油；青椒、红椒去蒂、去籽，洗净，切成小条；蒜瓣去皮，剁成蒜蓉。

② 净锅置火上，加上植物油烧热，下入猪肉末煸炒至变色，烹入料酒，下入黄酱翻炒均匀。

③ 加上茄子条、酱油、白糖、清汤煮沸，改用小火烧焖至熟香，撒上青红椒条、蒜蓉稍炒，用旺火收浓汤汁，淋上香油，出锅装盘即成。

操作难度
★★☆☆☆

酱汁茄子

▶ ━━━━━●━━━━━━━ TIME / 25分钟 ◁❚❚❚❚   口味：鲜咸味 ↖

-原 料-

土豆300克 / 面粉75克 / 熟黑芝麻30克 / 白糖3大匙 / 植物油适量

-制 作-

① 土豆去皮, 洗净, 放入蒸锅内蒸至熟, 取出后先切成块Ⓐ, 捣成细泥, 加入面粉50克拌匀; 熟黑芝麻、白糖各1大匙、余下面粉放入同一容器内拌匀成馅料Ⓑ。

② 将土豆泥揪成小剂子, 按扁后包入馅料, 封口捏严, 团成小圆球, 放入油锅内炸至金黄色, 取出。

③ 锅中加入白糖炒至溶化, 继续炒至金黄色、刚要冒小泡时, 放入土豆球, 离火翻匀, 出锅装盘即成。

操作难度
★★★☆☆

A

B

拔丝薯球

▶ TIME / 25分钟 ◁))))

口味：香甜味 ↖

糖醋藕丁

▶ ══════○══════════ TIME / 25分钟 ◁▮▮▮

原 料

菜花300克／莲藕150克／青椒、红椒各1个／精盐、酱油各1小匙／味精少许／白糖4小匙／咖喱糊3大匙／米醋2大匙／料酒2小匙／水淀粉1大匙／植物油适量

制 作

1 菜花掰成小朵，放入沸水锅中焯烫一下 **A**，捞出沥水；碗中加入白糖、米醋、料酒、酱油、精盐调匀成味汁 **B**。

2 莲藕削去外皮，洗净，切成小丁 **C**；青椒、红椒分别洗净，切成小方片。

3 咖喱糊内倒入烧热的植物油调匀出香味，放入菜花拌匀，码放入盘中。

4 净锅置火上，加入植物油烧热，放入藕丁冲炸一下 **D**，再放入青椒片、红椒片滑油，捞出沥油。

5 净锅复置火上，倒入味汁炒沸，用水淀粉勾芡，放入藕丁和青红椒片炒匀，出锅倒入菜花的盘中 **E** 即可。

操作难度 ★★★☆☆

口味：酸甜味

绿豆芽炒芹菜

▶ ━━━━━━◯━━━━━━ TIME / 15分钟 ◁▐▐▐▐

口味：鲜咸味

-原 料——

绿豆芽400克／芹菜150克／葱末、姜末、香油各少许／精盐1小匙／味精、米醋各1/2小匙／葱
油2大匙

-制 作——

① 将绿豆芽择洗干净**Ⓐ**，沥干水分；芹菜去根、叶，洗
净，切成小段**Ⓑ**。

② 坐锅点火，加入葱油烧热，下入葱末、姜末炒香，再
放入绿豆芽、芹菜段略炒**Ⓒ**。

③ 烹入米醋，加入精盐、味精翻炒均匀，淋入香油，即
可出锅装盘。

操作难度
★★☆☆☆

A

B

-原 料——

鲜香菇400克／青笋50克／香菜段25克／红椒末少许／葱末、姜末、蒜末各适量／酱油、料酒各1大匙／精盐、白糖、胡椒粉、水淀粉味精各适量／植物油少许

-制 作——

① 鲜香菇用热水略烫，捞出，去蒂，剪成丝状A，加上淀粉拌匀，放入沸水锅内焯烫一下，捞出；青笋洗净，切成细丝B，用沸水焯烫一下，捞出沥干。

② 姜末、酱油、料酒、胡椒粉、白糖、清水、水淀粉、味精搅匀成味汁C。

③ 锅内加油烧热，倒入味汁，放入香菇丝、笋丝炒匀，出锅装盘，撒上蒜末、香菜段、葱末、红椒末即成。

操作难度
★★☆☆☆

素鳝鱼炒青笋

▶ TIME / 20分钟 ◀|||| 口味：鲜咸味 ↖

27

黄豆芽炒榨菜

▶ ⬤━━━━━━━━━━━ TIME / 25分钟 ◀▮▮▮ 口味：鲜辣味 ↖

-原 料-

黄豆芽300克／榨菜100克／葱末、姜末、干红辣椒段各10克／味精1小匙／白糖1/2小匙／酱油、料酒各1大匙／香油少许／水淀粉2小匙／清汤3大匙／植物油2大匙

-制 作-

① 黄豆芽择洗干净；榨菜洗净、切成小丁**A**，用温水浸泡10分钟，捞出、沥干。

② 净锅置火上，加上植物油烧热，下入葱末、姜末、干红辣椒段炒香**B**，放入黄豆芽煸炒至软。

③ 烹入料酒，加入榨菜丁、酱油、白糖、味精和清汤，旺火翻炒至熟，用水淀粉勾薄芡，淋入香油，出锅装盘即成。

操作难度
★★☆☆☆

蜇皮黄瓜

▶ ━━━━━━●━━━━━━ TIME / 60分钟 ◁▮▮▮▮

口味：咸酸味 ↖

-原 料——

黄瓜350克／水发海蜇皮100克／姜末15克／精盐1小匙／味精、白糖、米醋、花椒油、香油各1/2小匙

-制 作——

① 黄瓜去蒂、洗净，削去瓜皮，切成3厘米长的段，再去除瓜瓤，切成长丝Ⓐ，然后装入容器中，加入精盐拌匀，腌渍20分钟Ⓑ，捞出冲净，沥水。

② 水发海蜇皮洗去泥沙，切成细丝，加入沸水浸泡30分钟(去除多余盐分)，捞出冲净，沥干水分。

③ 黄瓜丝、海蜇丝放入大碗中，加入姜末、花椒油、香油、味精、白糖、米醋拌匀，即可装盘上桌。

A

B

操作难度
★★☆☆☆

-原 料——

小萝卜500克／牛肉末150克／青蒜50克／花椒粒10克／精盐1大匙／味精1小匙／酱油、水淀粉各3大匙／米醋5小匙／料酒2小匙／植物油适量

-制 作——

① 将青蒜择洗干净，斜刀切成小段；小萝卜用清水洗净，沥干水分，切成滚刀块Ⓐ。

② 锅中加入植物油烧至七成热，放入小萝卜块炸至表面微黄Ⓑ，捞出沥油。

③ 锅内留底油，复置火上烧至六成热，先下入花椒粒用小火炸香Ⓒ，再放入牛肉末煸炒均匀Ⓓ。

④ 烹入料酒，加上酱油、精盐、米醋、味精及适量清水烧沸。

⑤ 用水淀粉勾芡，放入小萝卜块、青蒜段翻炒均匀Ⓔ，即可出锅装盘。

操作难度
★★☆☆☆

TIME / 15分钟

牛肉末烧小萝卜

口味：鲜咸味

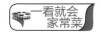

-原 料——

苦瓜400克 / 红甜椒30克 / 精盐1/2小匙 / 香油、白糖、味精各1小匙

-制 作——

① 苦瓜去蒂, 洗净, 切丝; 红甜椒去蒂、籽, 洗净, 切成 3.5厘米长的细丝Ⓐ。

② 净锅置火上, 放入清水、少许精盐煮沸, 下入苦瓜丝, 用旺火烧沸, 焯约1分钟, 下入红椒丝焯烫一下, 捞出, 沥去水, 晾凉。

③ 把苦瓜丝、红甜椒丝均放入容器内Ⓑ, 加入白糖、味精、精盐, 淋入香油, 拌匀装盘即可。

操作难度
★☆☆☆☆

凉拌苦瓜

TIME / 10分钟

口味: 鲜咸味

苦瓜镶肉环

▶ ○———————— TIME / 25分钟 ◁▮▮▮▮   口味：鲜咸味 ↖

-原 料——

苦瓜300克 / 猪肉馅250克 / 胡萝卜150克 / 香菜末少许 / 葱末、姜末各10克 / 精盐1小匙 / 酱油2小匙 / 淀粉、香油各1大匙

-制 作——

① 苦瓜洗净，切去两端，将中段切成2厘米厚的圆圈状Ⓐ，去瓤及籽，制成瓜环Ⓑ。

② 胡萝卜洗净、去皮，切成细末，和葱末、姜末一起放入碗中，加入猪肉末、酱油、淀粉、精盐、香油搅匀，酿入苦瓜环，装入盘中。

③ 将苦瓜环放入蒸锅内，撒上姜末，旺火蒸10分钟至熟，取出后撒上香菜末，即可上桌。

操作难度
★★☆☆☆

-原 料——

土豆丝、胡萝卜丝各100克／泡粉丝（切末）75克／洋葱末50克／香菜末15克／鸡蛋1个／面粉
75克／淀粉5小匙／精盐1小匙／五香粉、香油、胡椒粉、植物油各适量

-制 作——

操作难度
★★★☆☆

① 把洋葱末、香菜末、胡萝卜丝、土豆丝和粉丝末放在
容器内**Ⓐ**，加入精盐拌匀，攥去水分，再放入鸡蛋、
面粉和淀粉拌匀。

② 加入香油、五香粉和胡椒粉，充分搅拌均匀成馅料，
取少许馅料，团成直径2厘米大小的素丸子生坯。

③ 净锅置火上，加入植物油烧热，放入素丸子生坯炸
至熟脆**Ⓑ**，捞出沥油**Ⓒ**，装盘上桌即可。

家常素丸子 DVD

TIME / 20分钟

口味：鲜咸味

-原 料——

茭白500克/泡辣椒段适量/葱末、姜末、蒜末各5克/精盐、豆瓣酱各1小匙/鸡精、白糖、料酒、米醋各少许/淀粉2小匙/酱油1大匙/香油、辣椒油、清汤、植物油各适量

-制 作——

① 茭白去皮，切成厚骨牌片Ⓐ；酱油、清汤、精盐、料酒、米醋、辣椒油、白糖、鸡精、淀粉调成鱼香汁。

② 锅置火上，加入植物油烧至七成热，放入茭白片滑透，捞出沥油Ⓑ。

③ 锅内留底油烧热，下入葱末、姜末、蒜末和豆瓣酱炒香，放入泡辣椒段、茭白片炒匀，烹入鱼香汁翻炒均匀，淋入香油，出锅装盘即可。

操作难度 ★★★☆☆

鱼香茭白

TIME / 15分钟

口味：鱼香味

沙茶茄子煲

▶ ——————○——————— TIME / 30分钟 ◁▮▮▮

口味：沙茶味

-原 料——

长茄子300克／牛肉末150克／鲜香菇100克／洋葱50克／青椒、红椒各30克／味精少许／沙茶酱、蚝油各2小匙／料酒1大匙／酱油、水淀粉各2大匙／植物油适量

-制 作——

① 茄子去蒂，洗净，切成滚刀块Ⓐ；鲜香菇去蒂，洗净，切成小块。

② 洋葱去皮、洗净，切成块；青椒、红椒分别去蒂及籽，洗净，均切成块Ⓑ。

③ 锅中加入植物油烧热，放入洋葱块、茄子块、鲜香菇，用小火煸炒至七分熟Ⓒ，出锅装盘。

④ 牛肉末加入料酒、酱油、味精拌匀，放入烧至六成热的油锅中炒散Ⓓ。

⑤ 加入蚝油、沙茶酱、酱油、清水烧沸，放入茄子块、青椒块、红椒块炒匀Ⓔ，用水淀粉勾芡，装入煲中即成。

A

B

操作难度
★★★☆☆

素酿苦瓜

TIME / 20分钟 ◁▮▮▮▮

口味：鲜咸味

-原 料—

苦瓜2根(约200克)／胡萝卜100克／竹笋、水发冬菇各25克／精盐2小匙／味精1小匙／水淀粉1
大匙／香油少许

-制 作—

① 苦瓜去根, 洗净, 每根先切成小段, 去除中间的苦瓜
瓤Ⓐ, 呈瓜环状。

② 将胡萝卜、竹笋、水发冬菇分别洗净, 切成小丁Ⓑ,
加入精盐、味精、水淀粉、香油拌匀成馅料Ⓒ, 装入
苦瓜环内, 摆入盘中。

③ 把盛有苦瓜环的盘子放入蒸锅内, 用旺火沸水蒸10
分钟至熟香, 即可取出上桌。

操作难度
★★☆☆☆

-原 料——

南瓜200克／牛肉条100克／炸粉丝75克／豌豆50克／鸡蛋2个／精盐、味精、海鲜酱油、白糖、花椒粉、五香粉、香油、淀粉各适量

-制 作——

❶ 牛肉条放入碗中，加入精盐、味精、淀粉、鸡蛋抓匀、上浆Ⓐ；南瓜去皮，洗净，切成小条Ⓑ。

❷ 瓜条、牛肉条放入碗中，加入海鲜酱油、花椒粉、五香粉、精盐、白糖、香油及少许清水调匀Ⓒ，再放入炸粉丝、豌豆拌匀，腌渍2分钟。

❸ 把拌好的南瓜放入蒸锅内，用旺火蒸15分钟，取出，撒上葱花，淋上少许烧热的香油即可。

操作难度
★★★☆☆

粉蒸南瓜

▶ ━━━━●━━━━━━━　TIME／40分钟　◁▮▮▮▮　　口味：鲜咸味 ↖

红油扁豆

▶ ━━━━━━●━━━━━━━━ TIME / 15分钟 ◁▮▮▮▮   口味：红油味

-原 料——

扁豆400克／姜末10克／红干辣椒段5克／精盐、味精、植物油各适量／香油1小匙

-制 作——

① 红干辣椒段放入小碗中，用冷水漂洗干净，加入姜末拌匀，淋入烧至九成热的植物油，用筷子搅拌均匀成辣椒油。

② 扁豆择去两头尖角及边筋 **Ⓐ**，用清水洗净，斜切成2厘米长的小段。

③ 锅中加入清水，下入扁豆段焯3分钟至熟透，捞出扁豆，放入冷水中过凉，沥水，放入大瓷碗中，加入精盐、味精，淋入香油、辣椒油拌匀 **Ⓑ** 即成。

操作难度
★★☆☆☆

白果芦笋

▶ ⚪━━━━━━━ TIME / 20分钟 ◀▮▮▮▮ 　　　口味：鲜咸味 ↖

-原 料——

芦笋300克 / 白果100克 / 精盐、味精、白糖、香油各1小匙 / 蚝油少许 / 植物油适量

-制 作——

1 将白果洗净，放入容器中，加入适量的热水浸泡10分钟，取出白果，剥去外壳，去掉胚芽，放入热油锅中滑透，捞出沥油。

2 芦笋去根，刮去老皮，洗净，切成小段Ⓐ，放入沸水锅中焯烫一下，捞出沥干。

3 白果、芦笋段一同放入大碗中Ⓑ，加入精盐、白糖、蚝油、味精翻拌均匀，淋上香油，即可装盘上桌。

操作难度
★★☆☆☆

-原 料——

洋葱200克／北豆腐150克／猪肉末100克／
香菜30克／鸡蛋1个／姜块10克／精盐、五香
粉各1小匙／味精少许／淀粉3大匙／料酒、
香油各2小匙／植物油适量

-制 作——

① 豆腐用清水洗净，先切成大片，再用
刀背压成豆腐泥**Ⓐ**。

② 洋葱、姜块分别去皮、洗净，均切成
细末**Ⓑ**；香菜择洗干净，切成细末。

③ 容器中放入猪肉末、姜末、豆腐泥、
香菜末、精盐、五香粉、淀粉、料酒、
香油、鸡蛋、味精搅匀至上劲**Ⓒ**。

④ 洋葱末放入碗中，加入淀粉拌匀，再
与肉馅一起团成团，压成饼状**Ⓓ**。

⑤ 锅置火上，加入植物油烧热，放入洋
葱饼煎至熟嫩**Ⓔ**，出锅装盘即可。

操作难度
★★☆☆☆

TIME / 25分钟

生煎洋葱豆腐饼

口味：鲜咸味

-原 料——

山药300克／咸鸭蛋黄3个／葱花5克／精盐1小匙／味精、胡椒粉、香油各少许／淀粉3大匙／植物油适量

-制 作——

1 山药洗净，放入蒸锅中蒸至八分熟，取出、去皮，切成小条**Ⓐ**，拍匀淀粉，下入热油锅中炸熟，捞出、沥油；咸鸭蛋黄放入蒸锅中蒸熟，取出后碾碎。

2 净锅置火上，加入少许植物油烧热，下入咸蛋黄炒散**Ⓑ**，加入精盐、味精、胡椒粉调味。

3 放入山药条，用旺火翻炒均匀，淋上香油，出锅装盘，撒上葱花即可。

操作难度
★★★☆☆

金沙山药

▶ ⬤───────── TIME／25分钟 ◀▮▮▮▮ 　　口味：鲜咸味 ↖

芥蓝鸡腿菇

▶ ━━━━━━━━●━━━━━━ TIME / 15分钟 ◁▮▮▮ 　　　口味：鲜咸味 ↖

-原 料-

芥蓝250克／鸡腿菇200克／葱花、姜丝各5克／精盐、味精、鸡精各1/2小匙／白糖少许／水淀粉1小匙／植物油1大匙

-制 作-

① 芥蓝洗净，切成长段，再对剖成两半，下入加有少许植物油的沸水中焯烫一下，捞出、冲凉；鸡腿菇择洗干净，切成片Ⓐ，下入沸水中焯烫一下Ⓑ，捞出沥水。

② 坐锅点火，加入植物油烧至六成热，下入葱花、姜丝炒香，放入芥蓝、鸡腿菇炒匀。

③ 放入精盐、味精、白糖、鸡精翻炒均匀，用水淀粉勾芡，出锅装盘即成。

操作难度 ★★★★★

45

-原 料——

山药200克／果脯、葡萄干、核桃仁、豆沙馅各适量／蜂蜜、水淀粉、植物油各少许

-制 作——

操作难度
★★★☆☆

1 山药刷洗干净，放入蒸锅内旺火蒸熟，取出、晾凉；取一个大碗，在内侧抹上植物油，放上少许果脯，将熟山药去皮，用刀面拍成泥Ⓐ，放入大碗内。

2 撒上果脯、核桃仁，放上豆沙馅，再放上一层山药泥，撒上果脯和豆沙馅，放入剩余山药泥、果脯压实Ⓑ，放入蒸锅内蒸20分钟Ⓒ，取出，扣在盘内。

3 净锅置火上，加入蜂蜜和少许清水烧沸，用水淀粉勾芡，出锅浇在山药上即可。

八宝山药

TIME / 60分钟

口味：香甜味

-原 料——

金针菇250克／嫩芹菜200克／红干椒丝10克／花椒15粒／精盐、味精、白糖各1/2小匙／植物油2大匙

-制 作——

1 金针菇去根、洗净，切成两段，放入沸水锅内焯烫至熟透**A**，捞出、过凉、沥水；芹菜择洗干净，放入沸水锅中焯3分钟，捞出、过凉、沥水，切成小段**B**。

2 将芹菜段、金针菇放入容器中，加入精盐、味精、白糖翻拌均匀，装入盘中。

3 锅内加油烧热，下入花椒炸香，捞出不用，关火，放入红干椒丝炒至酥脆，出锅浇在金针菇上即可。

操作难度
★★☆☆☆

B

金针菇芹菜

▶ ━━━━━━━━ TIME / 15分钟 ◁◩◩◩ 口味：鲜辣味 ↖

胡萝卜炝冬菇

TIME / 15分钟　　口味：鲜咸味

-原 料——

水发冬菇300克／莴笋、胡萝卜各50克／葱丝、姜丝各5克／精盐1小匙／味精、白糖各1大匙／
花椒油2大匙

-制 作——

① 水发冬菇去蒂，洗净，切成粗丝Ⓐ；莴笋、胡萝卜分
别去皮，洗净，均切成粗丝Ⓑ。

② 锅中加入清水，放入冬菇丝烧沸，再放入莴笋丝、胡
萝卜丝焯烫一下Ⓒ，捞出沥水。

③ 将冬菇丝、莴笋丝、胡萝卜丝放入大碗中，加入精
盐、味精、白糖拌匀，然后撒上葱丝、姜丝，浇上烧
热的花椒油，食用时拌匀即可。

操作难度
★★☆☆☆

Part 2
营养强体畜肉菜

四喜元宝狮子头

TIME / 75分钟

-原 料——

猪肉末400克/鸡蛋2个/咸鸭蛋4个（蛋黄、蛋清分开）/荸荠25克/大葱、姜块各15克/八角2个/胡椒粉、白糖各少许/酱油、料酒、水淀粉各1大匙/香油2小匙/面粉、淀粉各2大匙/植物油适量

-制 作——

① 取少许大葱、姜块洗净，切成碎末，放入猪肉末内，放入胡椒粉、香油、料酒、碾碎的咸鸭蛋清调匀Ⓐ。

② 放入鸡蛋、拍碎的荸荠搅拌至上劲，加入面粉搅匀成肉馅Ⓑ。

③ 咸鸭蛋黄粘匀淀粉，用肉馅包成丸子，放入油锅中冲炸一下Ⓒ，取出。

④ 锅留底油烧热，加入八角、葱、姜、料酒、酱油、胡椒粉、味精和清水烧沸。

⑤ 倒入盛有丸子的容器内，放入锅内蒸40分钟Ⓓ，取出丸子；滗出汤汁，水淀粉勾芡Ⓔ，淋香油，浇在丸子上即可。

操作难度
★★★★☆

51

木樨肉

▶ ━━━━━●━━━━━━━━━━ TIME / 15分钟 ◀▮▮▮

口味：鲜咸味

-原 料━━

猪五花肉100克 / 冬笋丝50克 / 青蒜苗、水发木耳各25克 / 鸡蛋2个 / 葱丝、姜丝各10克 / 精盐、味精各少许 / 酱油、甜面酱各2大匙 / 料酒、花椒油各2小匙 / 植物油适量

-制 作━━

① 将猪五花肉切成细丝，加入精盐、酱油、植物油搅拌均匀Ⓐ；水发木耳去蒂，切成丝；青蒜苗洗净，切段。

② 鸡蛋磕入碗中，加入少许精盐搅匀，放入热油锅内炒至熟Ⓑ，取出。

③ 锅中加油烧热，放入猪肉丝炒变色，下入葱丝、姜丝、甜面酱炒散，加入酱油、料酒、木耳丝、冬笋丝、鸡蛋炒匀Ⓒ，撒入蒜苗段，淋上花椒油即成。

操作难度
★★★☆☆

-原 料——

猪五花肉块500克／海带结200克／葱段、姜块、蒜瓣各15克／陈皮、桂皮、八角、花椒各少许／精盐2小匙／味精1小匙／料酒、植物油各适量

-制 作——

1 锅内加入植物油烧热,下入白糖炒至暗红成糖色,烹入料酒,放入五花肉块炒至上色,出锅 **A**。

2 锅内加油烧热,下入大蒜、葱段、姜片炒出香味,加入八角、桂皮、花椒、陈皮水及适量清水,放入海带结煮至微沸,加入精盐、味精调好口味 **B**。

3 放入五花肉块烧沸,转小火烧约40分钟至五花肉熟烂 **C**,改用旺火收浓汤汁,出锅装盘即成。

操作难度
★★★☆☆

海带结红烧肉

▶ ⬤ —————— TIME / 75分钟 ◀ᗕ▐▐▐ 　　口味:鲜咸味 ↖

滑熘肉片

▶ ━━━━━━●━━━━━━━ TIME / 15分钟 ◁▮▮▮▮　　　　　　口味：鲜咸味 ↖

-原 料——

猪里脊肉350克 / 青椒片50克 / 鸡蛋清1个 / 葱丝、姜丝各15克 / 精盐、味精各1/2小匙 / 白糖、酱油、料酒各1大匙 / 花椒油1小匙 / 水淀粉2小匙 / 植物油500克(约耗50克)

-制 作——

① 猪里脊肉洗净，切成大片，剞上花刀，加入少许精盐、酱油、水淀粉、鸡蛋清拌匀 **Ⓐ**、上浆，然后下入六成热油锅中滑熟 **Ⓑ**，捞出沥油。

② 锅中留底油烧热，下入葱丝、姜丝炒香，添入少许清水，加入精盐、味精、白糖、酱油、料酒烧沸。

③ 用水淀粉勾薄芡，放入里脊肉片、青椒片翻炒均匀，淋入花椒油，即可出锅装盘。

操作难度
★★☆☆☆

54

传统熘肉段

▶ ━━━━━━━━━━━━━━━━━━ TIME / 15分钟 ◁❙❙❙❙   口味：荔枝味 ↖

-原 料——

猪肉300克 / 青、红椒条各15克 / 鸡蛋1个 / 葱花、蒜末、姜末各5克 / 精盐、味精、鸡精各1/2小匙 / 白糖、料酒、米醋各1小匙 / 淀粉、鲜汤、香油、植物油各适量

-制 作——

① 猪肉切成长方条Ⓐ，加入淀粉、鸡蛋、精盐、鸡精拌匀，放入油锅中炸至金黄色，捞出、沥油。

② 碗中加入少许鲜汤、酱油、米醋、白糖、味精、淀粉调成芡汁。

③ 锅中加上植物油烧热，下入葱花、姜末、蒜末炒香，烹入料酒Ⓑ，放入青、红椒条煸炒，下入猪肉段，倒入芡汁炒匀，淋入香油，出锅装盘即可。

操作难度
★★★☆☆

-原 料——

猪排骨750克/菠萝125克/芹菜丁、青红椒圈各少许/大蒜100克/精盐2小匙/淀粉、面粉各3大匙/五香粉1小匙/植物油适量

-制 作——

① 大蒜取蒜瓣，洗净后拍碎，放在碗内，加入清水调匀；菠萝切成片**Ⓐ**；猪排骨洗净血污，剁成大块。

② 排骨块、菠萝片放入容器内，加入泡蒜瓣的水、精盐、五香粉腌20分钟**Ⓑ**。

③ 淀粉、面粉、少许植物油调匀成淀粉面糊**Ⓒ**；把排骨中的菠萝挑出，倒出多余的水分，放入淀粉面糊中搅匀。

④ 锅内加入植物油烧热，放入蒜末炸香**Ⓓ**，出锅后放入小碗内，加入精盐、味精、芹菜丁和青红椒圈搅匀。

⑤ 锅中加入植物油烧至六成热，放入排骨炸约5分钟至熟**Ⓔ**，取出、码盘，倒上炸好的蒜蓉即可。

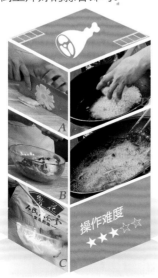

操作难度
★★★☆☆

TIME / 60分钟

金沙蒜香骨

口味：蒜香味

-原 料——

带皮猪五花肉1000克／葱段50克／姜丝25克／精盐1大匙／味精1/2大匙／酱油3大匙／豆豉5
大匙／白糖、料酒各2大匙／清汤200克

-制 作——

1 带皮猪五花肉刮净残毛**A**，冲洗干净，放入清水锅
中，用中火煮至六分熟**B**，捞出沥干，下入热油中炸
至金黄色，捞出、晾凉，切成大片，装入碗中。

2 将豆豉、葱段、姜丝、精盐、酱油、料酒、味精、白
糖、清汤调匀成味汁。

3 把味汁倒入盛有猪肉片的大碗中，入笼蒸约30分钟
至熟香，取出，扣入盘中即可。

操作难度
★★★☆☆

豆豉千层肉

TIME / 75分钟

口味：豉香味

百花酒焖肉

▶ ━━━━━━━━●━━━━━━━━━ TIME / 90分钟 ◁❚❚❚

口味：酒香味 ↖

-原 料——

去骨肋条肉块1000克 / 葱段、姜片各15克 / 精盐2小匙 / 味精1小匙 / 白糖、百花酒各3大匙 /
酱油2大匙

-制 作——

1 去骨肋条肉刮洗干净 Ⓐ，烤去绒毛 Ⓑ，洗净，切成
大小均等的方块，在每块肉皮上剞上芦席形花刀。

2 砂锅内垫入竹箅，放入葱段、姜片，将肉块皮朝上放
入砂锅内，烹入百花酒。

3 加入白糖、精盐，置旺火上烧沸，加入清水、酱油，
盖上锅盖，转小火焖1小时至酥烂，转旺火收浓汤
汁，拣去葱姜不用，加入味精，出锅装盘即成。

操作难度
★★★☆☆

-原 料-

排骨500克 / 笋衣250克 / 泡黄豆100克 / 葱白15克 / 姜块10克 / 陈皮、桂皮、八角各少许 / 精盐、酱油各1大匙 / 白糖2大匙 / 味精1小匙 / 啤酒、植物油各适量

-制 作-

① 排骨剁成小段，放入油锅内煸炒一下 Ⓐ，出锅；笋衣洗净，切成小段，放入热油锅中炒干水分，出锅。

② 净锅置火上，加上植物油烧热，加入白糖、清水炒至暗红色 Ⓑ，再加入啤酒、酱油和清水烧沸。

③ 放入排骨段、笋衣、黄豆、桂皮、八角、陈皮、葱段、姜片，盖上锅盖，转小火炖约40分钟 Ⓒ，再加入少许精盐、味精，转旺火收浓汤汁，出锅装盘即成。

操作难度
★★★☆☆

黄豆笋衣炖排骨

▶ ━━━━━━━○━━━━━━━━ TIME / 90分钟 ◀▮▮▮

口味：鲜咸味

-原 料——

猪五花肉600克／冬菜100克／姜末、蒜片各5克／泡辣椒段25克／精盐、料酒各1小匙／豆豉酱2小匙／酱油、植物油各2大匙

-制 作——

① 冬菜洗净，切成小粒❹；猪五花肉刮洗干净，放入清水锅中煮熟，捞出擦干，在表面抹匀酱油❸。

② 锅中加上植物油烧热，将五花肉皮面朝下入锅炸至焦黄色❻，捞出、晾凉，切成7厘米长的薄片。

③ 将猪肉片皮朝下码入大碗中，浇入料酒、酱油，加入精盐、豆豉酱、泡辣椒段和冬菜粒，入锅旺火蒸约1小时，出锅扣入盘中即可。

操作难度
★★★☆☆

冬菜扣肉

TIME / 80分钟

口味：鲜咸味

香辣美容蹄 DVD

TIME / 60分钟

-原 料——

猪蹄2个/莲藕50克/芝麻少许/大葱、姜块、蒜瓣各适量/精盐少许/料酒、酱油各1大匙/香油2小匙/火锅调料1大块

-制 作——

① 把猪蹄去净绒毛，用清水洗净，每只猪蹄剁成4大块；莲藕削去外皮，用清水洗净，沥去水分，切成片。

② 锅中加上植物油烧热，下入葱段、姜片、蒜瓣炒香Ⓐ，出锅垫在砂锅内。

③ 锅置火上烧热，放入火锅调料、料酒、清水和酱油，用旺火烧沸。

④ 出锅倒在高压锅内，放入猪蹄块Ⓑ，置火上压20分钟至猪蹄块熟嫩Ⓒ。

⑤ 捞出猪蹄，放在垫有葱姜蒜的砂锅内，加入莲藕片Ⓓ，滗去焖猪蹄原汤，置火上煮沸Ⓔ，撒上芝麻，出锅即可。

操作难度
★★★☆☆

口味：鲜辣味

蒜烧排骨

▶ ━━━━━●━━━━━ TIME / 60分钟 ◁▮▮▮▮   口味：蒜香味 ↖

-原 料——

猪排骨400克／蒜瓣100克／葱段25克／精盐、味精各少许／酱油、白酒各1大匙／冰糖70克／
水淀粉适量／植物油2大匙

-制 作——

① 猪排骨洗净血污，先顺切成长条，再剁成小段，放入清水锅内，加上葱段、少许白酒焯烫3分钟Ⓐ，捞出排骨块，沥净水分。

② 锅中加油烧热，下入蒜瓣炒香Ⓑ，放入排骨段，加入酱油、冰糖、白酒和清水，转中火烧40分钟。

③ 加入精盐、味精调好口味，改用旺火收浓汤汁，用水淀粉勾芡，出锅装盘即成。

操作难度
★★★☆☆

-原料——

牛腩肉500克／去皮熟栗子肉50克／乌龙茶叶少许／葱段、姜片各15克／精盐、白糖各2小匙／味精1小匙／料酒2大匙／酱油3大匙／番茄酱、香油各1大匙／水淀粉、植物油各适量

-制作——

操作难度
★★★☆☆

❶ 牛腩肉洗净,切成大块Ⓐ;乌龙茶叶用沸水泡开,取出茶叶沥干,放入热油锅中炸至酥香,捞出。

❷ 锅中加入植物油烧热,下入葱段、姜片炒香Ⓑ,放入牛腩肉块略炒Ⓒ,烹入料酒,加入酱油、香油、番茄酱、白糖、精盐炒匀,加入适量温水煮沸。

❸ 倒入高压锅中压15分钟至熟,取出倒入炒锅中,放入栗子肉炖至浓稠,水淀粉勾芡,撒上茶叶即成。

茶香栗子炖牛腩 DVD

▶ ━━━━━○━━━━━━ TIME / 60分钟 ◀▮▮▮▮ 　　口味:茶香味 ↖

人参木瓜炖猪排

TIME / 90分钟

口味：鲜咸味

-原 料-

猪排骨750克／木瓜500克／人参50克／精盐1/2大匙／味精1小匙／鸡精1大匙

-制 作-

1 猪排骨洗净，剁成4厘米长的段Ⓐ，放入清水锅中烧沸Ⓑ，焯烫至透，捞出、冲净，沥干水分；木瓜洗净，去皮及瓤，切成大块；人参洗净，用温水泡软。

2 砂锅置火上，加入适量清水，放入猪排骨段、人参、木瓜块，用旺火烧沸。

3 转小火炖煮约1.5小时至熟烂，加入精盐、味精、鸡精调味，即可装碗上桌。

操作难度
★★☆☆☆

白肉血肠

TIME / 60分钟 ◁▮▮▮▮   口味：鲜咸味 ↖

-原 料——

带皮五花肉、猪血肠各500克 / 酸菜300克 / 蒜泥15克 / 葱花、姜丝各少许 / 精盐、味精、酱油、辣椒油、韭菜花酱、香油各适量 / 腐乳1块

-制 作——

① 带皮猪五花肉刮洗干净，放入开水锅中，转小火煮熟，取出后趁热抽去肋骨，晾凉后切成薄片Ⓐ。

② 猪血肠切成片Ⓑ；酸菜洗净，切成细丝；酱油、韭菜花酱、辣椒油、腐乳、蒜泥、香油调匀成味汁。

③ 锅中滗入肉汤，放入葱花、姜丝、酸菜丝烧沸，加上白肉片、血肠煮5分钟，加入精盐、味精，盛入碗中，带味汁一起上桌蘸食即可。

A

B

操作难度
★★☆☆

-原 料——

牛肉末、面包糠各100克／土豆、鸡蛋各2个／洋葱25克／精盐少许／面粉3大匙／黄油2大匙／植物油适量

-制 作——

① 把土豆洗净，放入蒸锅中蒸熟，取出晾凉、去皮；洋葱洗净，切成碎末；鸡蛋磕入碗中搅匀成鸡蛋液。

② 锅内放入黄油烧热🅐，下入牛肉末、洋葱末煸炒出香味🅑，加入精盐翻炒均匀，出锅倒入容器中成肉馅。

③ 将土豆压成蓉泥，放入肉馅中🅒，加入少许面粉搅匀，拍成小饼状🅓。

④ 把土豆小饼滚沾上一层面粉，挂匀一层鸡蛋液，裹上面包糠，轻轻压实成牛肉薯饼生坯。

⑤ 平锅置火上，加入植物油烧热，放入牛肉薯饼生坯，用中小火煎5分钟至熟嫩🅔，取出沥油，装盘上桌即可。

操作难度
★★★☆☆

TIME / 25分钟

DVD 西式牛肉薯饼

口味：鲜咸味

-原 料——

猪腰300克／冲菜碎100克／红辣椒粒、香菜根各10克／葱花10克／精盐、味精、白糖、胡椒粉、香油各1/2小匙／香醋2小匙／芥末膏、料酒各1小匙／美极鲜酱油、鸡汤各2大匙

-制 作——

① 猪腰去除腰臊, 洗净, 剞上十字花刀 **Ⓐ**, 切成小块, 放入沸水锅内焯烫至断生 **Ⓑ**, 捞出、过凉、沥水。

② 美极鲜酱油、鸡汤、香菜根放入锅中熬成浓汁, 过滤后加入精盐、味精、白糖拌匀成味汁。

③ 冲菜碎放热油锅内炒香, 出锅、晾凉, 加入精盐、香醋、蒜末、芥末膏拌匀, 装入盘中垫底, 放上猪腰, 淋上味汁、香油, 撒上红辣椒粒、葱花即可。

操作难度
★★☆☆☆

翡翠拌腰花

▶ ⬤————————○——————— TIME / 25分钟 ◁▮▮▮ 　　　口味: 鲜辣味

蒜泥腰片

▶ ——○———— TIME / 25分钟 ◁▌▌▌▌ 口味：蒜香味 ↖

-原 料——

猪腰400克 / 黄瓜100克 / 葱段10克 / 姜片5克 / 蒜泥25克 / 精盐、料酒、味精、香油各1小匙 /
鲜汤1大匙

-制 作——

① 猪腰去筋膜，对剖成两半，片去白色腰臊，洗净，片
成骨牌片**Ⓐ**，用精盐、葱段、姜片、料酒拌匀，放入
沸水锅中焯至断生**Ⓑ**，捞出、晾凉。

② 猪腰片整齐地摆入盘中；黄瓜去皮，洗净，切成骨牌
片，放在盘边作装饰。

③ 蒜泥、精盐、味精、香油、鲜汤放入小碗中调匀成味
汁，浇在猪腰片上即可。

操作难度
★★☆☆☆

-原 料——

羊腿肉400克 / 花生碎25克 / 芝麻少许 / 青红椒碎各15克 / 芹菜25克 / 葱段50克 / 精盐 / 味精各少许 / 白糖1小匙 / 孜然2小匙 / 辣椒粉1大匙 / 料酒2大匙 / 酱油2小匙 / 淀粉2大匙

-制 作——

1 芹菜切段，与羊腿肉一起放入高压锅内**A**，加上葱段、料酒、酱油、白糖、清水压至熟，取出，切成块**B**。

2 净锅置火上烧热，加入孜然和芝麻，用小火翻炒片刻出香味，加入辣椒粉调匀，再加入精盐、白糖、味精和青红椒碎调匀**C**，出锅成味料。

3 把羊肉块裹上淀粉，放入煎锅内煎5分钟，取出，切成小条，放在盘内，撒上味料、花生碎即可。

操作难度
★★★★

新派孜然羊肉

DVD

▶ ════○════ TIME / 50分钟 ◀▌▌▌ 口味：孜然味

-原 料——

猪尾500克／胡萝卜、土豆各50克／葱段20克／姜片、蒜片各10克／八角2粒／花椒5克／精盐1
小匙／白糖、酱油各1大匙／料酒5小匙／水淀粉4小匙／植物油适量

-制 作——

操作难度
★★★☆☆

① 猪尾洗净, 按骨节切开Ⓐ, 放入清水锅中, 加入八角、葱段、姜片、料酒、花椒煮至熟Ⓑ, 捞出沥水; 胡萝卜、土豆去皮, 洗净, 均切成片Ⓒ。

② 锅中加入植物油烧热, 下入少许葱段、蒜片炒香, 放入猪尾段、胡萝卜片、土豆片炒匀。

③ 加入精盐、白糖、酱油、料酒, 滗入煮猪尾原汤烧沸, 转小火烧至入味, 用水淀粉勾芡, 出锅即可。

红烧猪尾

▶ TIME / 75分钟 ⊲▮▮▮▮ 　　口味：鲜咸味 ↖

沙茶牛肚煲 DVD

▶ ───────○────────── TIME / 90分钟 ◁▮▮▮

口味：鲜咸味

- 原 料 ——

牛肚500克 / 洋葱75克 / 鲜香菇50克 / 西芹、红柿子椒各25克 / 姜片25克 / 葱段15克 / 蒜片10克 / 蚝油、料酒各1大匙 / 沙茶酱2大匙 / 酱油、胡椒粉各少许

- 制 作 ——

① 牛肚去掉油脂，洗净，放入高压锅内🅐，加入葱段、姜块和清水，置火上压1小时，捞出、晾凉，切成片🅑。

② 洋葱洗净，切成条；红椒、西芹分别洗净，均切成片🅒；鲜香菇用沸水烫熟，捞出、晾凉，切成大块🅓。

③ 把姜片、蒜片和少许洋葱条放入烧热的油锅内煸炒片刻出香味。

④ 烹入料酒，倒入香菇块、牛肚块煸炒片刻，加入沙茶酱、蚝油、胡椒粉、酱油、西芹、红柿子椒炒匀🅔。

⑤ 砂煲底部垫上洋葱，倒入牛肚，盖上盖，淋上料酒稍焖，离火上桌即可。

操作难度
★★★★

洋葱炒猪肝

▶ ━━━━━━━━●━━━━━━━━ TIME / 15分钟 ◁❙❙❙❙

口味：鲜咸味 ↖

-原 料——

猪肝300克／洋葱200克／泡椒少许／精盐、味精各1小匙／酱油1大匙／白糖、白醋各1/2大匙／淀粉、植物油各适量

-制 作——

① 猪肝洗净、切成大片❹，加入少许精盐、味精和淀粉拌匀，下入烧至六成热油锅中炸至外表酥脆❺，捞出、沥干；洋葱去皮、洗净，切成小块❻。

② 锅中加上少许植物油烧热，下入洋葱、泡椒炒香，烹入白醋，加入酱油、白糖、精盐、味精稍炒。

③ 添入少许清水烧沸，用水淀粉勾芡，倒入炸好的猪肝片翻炒均匀，出锅装盘即可。

操作难度
★★★☆☆

-原 料——

羊腿肉400克/鸡蛋清1个/黑胡椒碎1小匙/精盐少许/料酒、淀粉、生抽、白糖、蚝油、香油、植物油格适量

-制 作——

1 羊腿肉去掉筋膜**A**，洗净，切成小粒**B**，加入精盐、料酒、淀粉、鸡蛋清拌匀，表面淋上少许植物油，放入冰箱保鲜室内冷藏1小时，取出。

2 净锅置火上，加入植物油烧至六成热，下入羊肉粒滑散至熟，捞出沥油。

3 锅内加入少许植物油烧热，加入黑胡椒碎、蚝油、生抽、精盐、白糖炒匀，倒入羊肉粒翻炒均匀，淋上香油，出锅装盘即成。

操作难度
★★☆☆☆

黑椒羊腿粒

TIME / 45分钟

口味：鲜咸味

豆瓣牛肉

▶ ━━━━━●━━━━━ TIME / 60分钟 ◀▮▮▮▮   口味: 豆瓣味 ↖

-原 料━━

牛肉(带筋)1000克 / 萝卜500克 / 姜丝、葱段、桂皮、八角各5克 / 花椒10克 / 豆瓣3大匙 / 精盐1小匙 / 白糖2小匙 / 料酒1大匙 / 植物油2大匙

-制 作━━

① 牛肉洗净,切成小块,下入沸水锅内焯烫一下Ⓐ,捞出、沥水;萝卜去皮,洗净,切成滚刀块;白糖炒成糖色汁;桂皮、花椒、八角用纱布包成香料包。

② 净锅置火上,加入植物油烧热,下入豆瓣炒香,加入清水煮3分钟,用漏勺捞去豆瓣渣。

③ 下入牛肉块Ⓑ、姜丝、葱段、料酒、精盐、糖色汁、香料包,中火烧至肉熟,加入萝卜块烧至熟即可。

操作难度
★★★☆☆

牛尾萝卜汤

TIME / 90分钟

口味：鲜咸味

-原 料——

牛尾500克 / 白萝卜150克 / 青笋100克 / 葱段15克 / 姜片10克 / 精盐1小匙、味精1/2小匙 / 料酒1大匙 / 鸡汤500克

-制 作——

1 牛尾洗净，从骨节处断开Ⓐ，放入沸水锅中，加入葱段、姜片焯至透，捞出、冲净。

2 将牛尾块放入汤碗中，加入料酒、精盐、葱段、姜片、鸡汤，上屉蒸约1小时至熟烂。

3 白萝卜、青笋去皮、洗净，挖成圆球状Ⓑ，用沸水煮熟，放入牛尾汤中，加入味精调匀，续蒸20分钟，撇去碗中浮油，捞出葱段、姜片，即可上桌。

操作难度
★★★☆☆

A

B

-原 料——

羊肉末300克 / 豆皮1张 / 洋葱、芹菜、小西红柿各少许 / 鸡蛋1个 / 孜然、辣椒碎各少许 / 精盐1小匙 / 胡椒粉1/2小匙 / 淀粉2大匙 / 植物油适量

-制 作——

① 把小西红柿、芹菜、洋葱、鸡蛋放入粉碎机中搅打成蔬菜泥 **Ⓐ**。

② 羊肉末放入碗中，倒入蔬菜泥，加入精盐、胡椒粉、淀粉搅打上劲成馅 **Ⓑ**。

③ 豆皮切成长方块，撒上少许淀粉，放上羊肉馅抹匀 **Ⓒ**，卷成豆皮卷 **Ⓓ**。

④ 平底锅置火上，加入少许植物油，码放上豆皮卷，再淋入少许植物油。

⑤ 中火煎至两面呈金黄色时，撒上孜然、辣椒碎稍煎 **Ⓔ**，取出，切成小段，装盘上桌即可。

操作难度
★★★☆☆

TIME / 30分钟

香煎羊肉豆皮卷

口味：鲜咸味

-原料-

牛肚300克／青椒、红椒、水发木耳各50克／葱段、姜片、蒜末各10克／八角2粒／精盐、味精、香油各1/2小匙

-制作-

① 牛肚洗净，放入沸水锅内焯烫一下 Ⓐ，捞出，冲洗干净，再放入清水锅中，加入葱段、姜片、八角，中火煮约1小时至熟，捞出、晾凉，切成细丝 Ⓑ。

② 青椒、红椒去蒂、去籽，洗净，切成长丝；水发木耳去蒂，也切成丝。

③ 牛肚丝放入盆中，加入青椒丝、红椒丝、木耳丝、精盐、味精、蒜末、香油拌匀，装盘上桌即成。

操作难度
★★☆☆☆

什锦牛肚丝

TIME / 90分钟

口味：鲜咸味

酸辣毛肚

▶ ⬤━━━━━━━━━ TIME / 25分钟 ◁▮▮▮▮   口味：酸辣味 ↖

-原　料

牛百叶（毛肚）300克 / 精盐、味精各1/2小匙 / 米醋、香油各2小匙 / 辣椒油2大匙

-制　作

① 牛百叶反复搓洗干净，切成大片Ⓐ，放入沸水锅中焯烫一下，待略微卷缩后，快速捞入凉开水中浸凉，沥净水分Ⓑ，码放在盘内。

② 将精盐、米醋、味精、辣椒油、香油放入小碗中调拌均匀，制成酸辣味汁。

③ 把调好的酸辣味汁淋在牛百叶上，食用时调拌均匀，上桌即成。

操作难度
★★☆☆☆

A

B

-原 料——

兔肉750克／葱段、姜块、蒜瓣各10克／干辣椒、陈皮各5克／精盐、味精、花椒粉各少许／白糖2小匙／番茄酱1大匙／酱油1大匙／豆瓣酱2大匙／香油1小匙／啤酒、植物油各适量

-制 作——

① 陈皮泡软，洗净，切成细丝Ⓐ；兔肉洗净血污，沥净水分，剁成大块，加上少许酱油、精盐拌匀Ⓑ。

② 锅内加入植物油烧热，放入陈皮丝炸一下Ⓒ，捞出沥油；再放入葱段、姜片、蒜瓣、干辣椒和兔肉块，旺火煸炒至兔肉变色，滗去余油，再置火上烧热。

③ 放入番茄酱、豆瓣酱、啤酒、精盐、白糖和味精，小火炖40分钟，用旺火收浓汤汁，撒上陈皮丝即可。

操作难度
★★★☆☆

香辣陈皮兔 DVD

▶ ━━━━○━━━━━━ TIME / 75分钟 ◀▮▮▮▮   口味：香辣味

-原 料——

带骨羊肋肉750克／葱段15克／姜片5克／蒜末10克／香料包（花椒、八角、桂皮、小茴香各少许）／精盐、味精、胡椒粉各1小匙／酱油3大匙／香油1大匙／辣椒油、植物油各2大匙

-制 作——

操作难度
★★☆☆☆

① 带骨羊肋肉洗净血污，剁成小段 **A**，放入清水锅内焯烫5分钟 **B**，捞出冲净，沥干水分。

② 锅内加入植物油烧至六成热，下入葱段、姜片炝锅，添入清水，放入香料包、精盐烧沸，放入羊肋条段，转中火煮至熟透，捞出沥干，码在盘中。

③ 将蒜末、酱油、辣椒油、香油、胡椒粉、味精放入小碗内调成味汁，与羊肋肉一起上桌蘸食即可。

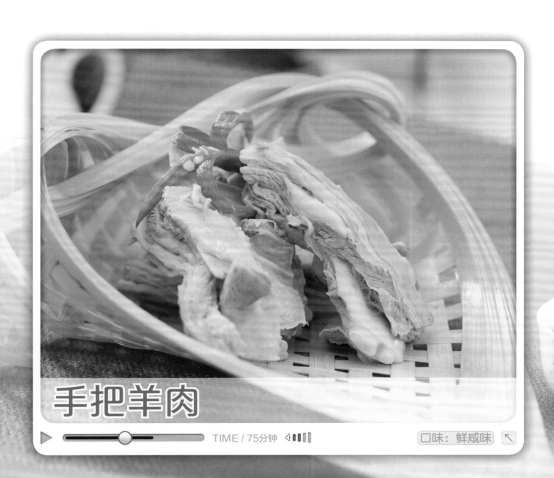

手把羊肉

▶ ———————○—————— TIME / 75分钟 ◁▮▮▮ 　口味：鲜咸味 ↖

胡萝卜烧羊腩

▶ ━━━━━━●━━━━━━ TIME / 90分钟 ◁▮▮▮▮

口味：鲜咸味

-原 料——

羊腩肉300克／胡萝卜1根／葱段15克／姜片5克／精盐1/2小匙／味精、胡椒粉各1小匙／清汤750克／料酒、植物油各2大匙

-制 作——

1 羊腩肉洗净血污，切成小块❹，放入沸水锅内焯透❸，捞出沥干；胡萝卜洗净，去皮，切成菱形块。

2 净锅置火上，加入植物油烧至五成热，下入葱段、姜片炒香，添入清汤煮沸，放入羊腩肉块，用中火炖至八分熟。

3 加入胡萝卜块、料酒、精盐、味精，继续炖至羊肉熟烂，撒入胡椒粉调匀，出锅装碗即可。

操作难度
★★☆☆☆

Part 3
美味禽蛋豆制品

豉椒泡菜白切鸡

▶ ────○──────────── TIME / 45分钟 ◁▮▮▮

-原 料——

净仔鸡1只/四川泡菜100克/青尖椒、红尖椒各15克/熟芝麻10克/花椒15克/葱末、姜末、蒜末各10克/味精、白糖、豆豉辣酱、酱油、植物油各适量

-制 作——

① 仔鸡洗涤整理干净,沥去水分,从中间破开,切成两半。

② 四川泡菜切成小丁Ⓐ;青尖椒、红尖椒分别去蒂、洗净,均切成椒圈。

③ 锅中加入适量清水,放入仔鸡煮沸Ⓑ,转小火煮至仔鸡熟嫩,取出、晾凉,剁成大块,放入盘中。

④ 锅中加入植物油烧热,下入花椒炸成花椒油,加入葱末、姜末、蒜末、豆豉辣酱炒出香味Ⓒ。

⑤ 出锅装碗Ⓓ,加入酱油、熟芝麻、白糖、味精、泡菜丁、青红椒圈拌匀成味汁Ⓔ,淋在鸡块上即成。

操作难度
★★☆☆☆

口味:鲜辣味

荷叶粉蒸鸡

▶ ━━━━━━●━━━━━━━━━━ TIME / 120分钟 ◁▮▮▯▯   口味：鲜咸味 ↖

-原 料━━

净仔鸡750克／糯米粉200克／鲜荷叶1张／葱花、姜片、香油、辣椒油各少许／花椒粉、白糖、味精各1小匙／豆瓣100克／一品鲜酱油2小匙

-制 作━━

① 糯米粉放入热锅内煸炒至熟，取出、晾凉；净仔鸡剁成小块 A，放入沸水锅内焯烫一下 B，捞出沥干。

② 仔鸡块加入豆瓣、葱花、姜片、花椒粉、白糖、味精、一品鲜酱油和糯米粉充分拌匀。

③ 鲜荷叶用沸水烫一下 C，捞出沥干，放入蒸笼中，放入鸡块，入蒸锅中旺火蒸1.5小时，取出后撒上葱花，淋入辣椒油即可。

操作难度
★★★☆☆

-原 料——

鸡翅400克／青椒块、红椒块各20克／乌龙茶叶15克／香葱段30克／姜片10克／蒜瓣15克／香叶5片／冰糖20克／香油1小匙／糯米酒、酱油、植物油各4大匙

-制 作——

① 碗中加入酱油、糯米酒调匀成味汁；锅置火上，加入植物油、香油烧热，下入香葱段、姜片、蒜瓣炒香，捞出香葱段、姜片、蒜瓣**A**，放入砂锅中垫底。

② 把鸡翅剁成块，放入烧热的油锅内煸炒至七分熟，放入香叶、冰糖，烹入调好的味汁烧沸**B**。

③ 倒入砂锅中，置小火上焖10分钟，放入青椒块、红椒块翻匀**C**，撒上炸酥的乌龙茶叶，上桌即可。

操作难度
★★★☆☆

香茶三杯鸡

TIME / 45分钟

口味：茶香味

胡萝卜烧鸡

▶ ━━━━━━●━━━━━━━━━━ TIME / 60分钟 ◁▮▮▮▯ | 口味：鲜辣味 | ↖

-原 料——

净仔鸡1只(约1000克)/胡萝卜250克/葱段15克/姜片10克/精盐1/2小匙/味精1小匙/豆瓣酱3大匙/料酒、淀粉各1大匙/植物油适量

-制 作——

① 仔鸡洗净, 沥净水分, 剁成3厘米大小的块Ⓐ; 胡萝卜洗净, 去皮, 切成滚刀块。

② 净锅置火上, 加入植物油烧至七成热, 下入葱段、姜片炒香, 放入仔鸡块炒至变色Ⓑ。

③ 加入豆瓣酱、精盐、料酒和适量清水煮沸, 撇去浮沫, 转小火烧约30分钟, 放入胡萝卜块烧约5分钟, 用水淀粉勾芡, 出锅装盘即可。

操作难度
★★★☆☆

冬菇蒸滑鸡

▶ ━━━━━●━━━━━━ TIME / 50分钟 ◁▮▮▮ 　　口味：鲜咸味 ↖

-原 料-

土鸡半只／冬菇10个／姜片、葱段各15克／精盐、淀粉各2小匙／白糖、味精、蚝油各1小匙／香油少许／植物油1大匙

-制 作-

1 土鸡洗净，剁成小块Ⓐ；冬菇用冷水浸泡至发涨，捞出，去掉菌蒂Ⓑ，洗净，挤去水分。

2 将土鸡块、冬菇、姜片、葱段放入盆中，加入精盐、味精、白糖、蚝油、淀粉和香油拌匀。

3 蒸锅置火上，加入适量清水烧沸，放入鸡块，用旺火蒸约30分钟，取出，浇淋上烧热的植物油拌匀，即可上桌。

操作难度
★★★☆☆

93

-原 料——

鸡胸肉300克/香蕉150克/鸡蛋2个/精盐1小匙/胡椒粉1/2小匙/白葡萄酒、淀粉、橙汁、植物油各适量

-制 作——

① 鸡胸肉去除筋膜Ⓐ,切成大片Ⓑ,放入碗内,磕入1个鸡蛋,加入白葡萄酒、精盐、胡椒粉拌匀Ⓒ。

② 香蕉去皮,取香蕉果肉,切成条Ⓓ;取小碗,磕入1个鸡蛋,加上淀粉调匀成淀粉糊。

③ 将鸡片卷上切好的香蕉条,裹匀淀粉糊,沾上面包糠成鸡卷生坯。

④ 锅中加入植物油烧至七成热,放入鸡卷炸呈金黄色至熟透Ⓔ。

⑤ 捞出鸡卷,沥油,码放在盘内,淋上橙汁,即可上桌。

操作难度
★★★☆☆

▶ ──●────── TIME / 25分钟 ◀❚❚❚

DVD 橙香鸡卷

口味：香甜味

-原 料——

鸡胸肉500克／猪网油适量／菠菜松25克／鸡蛋清2个／精盐1/2小匙／葱椒泥、淀粉各2小匙／
料酒2大匙／植物油1500克（约耗60克）

-制 作——

操作难度
★★★☆☆

1 鸡胸肉去掉筋膜，洗净，剁成鸡肉蓉Ⓐ，加入料酒、精盐、葱椒泥、淀粉调匀，再加入1个鸡蛋清搅匀成鸡肉蓉；剩余1个鸡蛋清加入淀粉调成糊。

2 猪网油洗净，切成长方片，抹上鸡肉蓉，卷成卷，用牙签从一头插进3厘米左右，裹匀蛋清糊成生坯。

3 锅中加上植物油烧热，放入生坯炸至杏黄色Ⓑ，捞出，抽出牙签，放入垫有菠菜松的盘中即可。

酥炸蚕蛹鸡

▶ ━━━━●━━━━━━━ TIME / 25分钟 ◁▮▮▮▯ 口味：鲜咸味

菠萝鸡丁

▶ ━━━━━━●━━━━━━━ TIME / 25分钟 ◀▮▮▮▮   口味：鲜香味 ↖

-原 料━━

鸡腿肉300克／菠萝200克／红椒50克／葱段15克／姜片5克／精盐1小匙／味精、白糖各1/2小匙／料酒、淀粉各1大匙／植物油适量

-制 作━━

❶ 菠萝去皮，切成小丁，放入淡盐水中浸泡；红椒洗净，去蒂及籽，切成小丁。

❷ 鸡腿肉切成小丁🅐，加入少许精盐、味精、料酒、淀粉拌匀，下入五成热油中滑至八分熟🅑，捞出沥油。

❸ 锅中留底油烧热，下入葱段、姜片、红椒丁炒香，放入鸡肉丁炒匀，加入精盐、白糖、菠萝丁翻炒至入味，淋入少许明油，出锅装盘即可。

操作难度
★★★☆☆

-原 料——

鸡胸肉250克/香椿芽150克/鸡蛋1个/白芝麻适量/精盐少许/面粉4大匙/料酒1小匙/植物油750克 (约耗75克)

-制 作——

① 鸡胸肉切成大片Ⓐ，放在碗内，加入料酒、精盐、鸡蛋、面粉、少许植物油调拌均匀Ⓑ。

② 香椿芽择洗干净，沥去水分，切成碎末Ⓒ，放入盛有鸡肉片的大碗中搅拌均匀。

③ 锅内加入植物油烧热，把鸡肉片沾上一层白芝麻，放入油锅中炸至浅黄色，捞出；待锅内油温升高后，再放入鸡肉片炸至金黄色，捞出装盘即可。

操作难度
★★★☆☆

香椿鸡柳 DVD

TIME / 25分钟

口味：鲜咸味

-原 料——

鸡腿750克／葱花15克／姜片5克／蒜末10克／花椒粒20克／精盐2小匙／味精、鸡精各1/2小匙／酱油、白糖各1小匙／豆瓣酱150克／鲜汤300克／植物油2大匙

-制 作——

操作难度
★★☆☆☆

1 将鸡腿去除残毛Ⓐ, 洗净血污, 放入沸水锅内焯烫一下, 捞出、过凉, 沥干。

2 净锅置火上, 加入植物油烧热, 下入豆瓣酱Ⓑ、葱花、姜片、蒜末、花椒炒香, 添入鲜汤煮沸。

3 加入精盐、味精、鸡精、酱油、白糖煮匀, 下入鸡腿Ⓒ, 转小火煨烧20分钟, 待汤汁浓稠、鸡腿熟透时, 用旺火收汁, 出锅装盘即可。

麻辣鸡腿

▶ ━━━━━●━━━━━━━━━━ TIME / 30分钟 ◁▮▮▮▮   口味：麻辣味 ↖

杭州酱鸭腿

▶ ━━━━○━━━━━━━━ TIME / 12小时 ◁▮▮▮

-原 料——

鸭腿300克/桂皮、小茴香各少许/葱白15克/姜块10克/精盐1小匙/味精1/2小匙/白糖1大匙/酱油适量/料酒2小匙

-制 作——

① 葱白洗净,切成段;姜块去皮,洗净,切成片;鸭腿洗涤整理干净Ⓐ,撒上精盐揉搓一下,腌渍6小时Ⓑ。

② 锅中加入适量酱油烧沸,放入桂皮、小茴香、白糖、鸭腿煮5分钟Ⓒ。

③ 关火后浸泡6小时,取出鸭腿,放在通风处晾约6小时。

④ 把晾好的鸭腿放入盘中,加入料酒、白糖、精盐、味精、葱段和姜片Ⓓ。

⑤ 蒸锅置火上烧沸,放入盛有鸭腿的盘子,用旺火蒸约30分钟Ⓔ,关火后取出,即可上桌。

操作难度 ★★★★

口味:鲜咸味

铁板鸡心

▶ ━━━━━━●━━━━━━ TIME / 25分钟 ◁ ▮▮▮▮   口味：香辣味 ↖

-原 料-

鸡心200克／蒜苗段少许／红干椒段、姜末、精盐、味精、葱姜汁、豆瓣酱、料酒、香油、鸡汤、植物油各适量

-制 作-

1 把鸡心洗净，在心尖上剞上菊花刀A，加入精盐、葱姜汁、料酒拌匀，腌渍入味，再放入沸水锅中略焯一下B，捞出、冲凉。

2 净锅置火上，加入植物油烧热，下入姜末、蒜苗段、红干椒段、豆瓣酱炒香C，加入鸡汤、精盐烧沸。

3 下入鸡心略焖，待汤汁快干时加入味精，起锅倒在烧热的铁板上，淋上香油即可。

操作难度
★★★☆☆

-原 料——

鸡肝300克／生芝麻150克／鸡蛋1个／蒜瓣15克／精盐、胡椒粉各1小匙／葱姜汁、料酒各1大匙／甜面酱2大匙／面粉4大匙／味精、香油各少许／植物油适量

-制 作——

1 鸡肝片成大片，加上葱姜汁、料酒、精盐、胡椒粉稍腌，放入鸡蛋、面粉拌匀、上浆**A**。

2 蒜瓣去皮，切成碎粒，放在碗内，加上甜面酱、味精、香油调匀成味汁**B**。

3 锅置火上，加入植物油烧至六成热，把鸡肝片先滚上一层生芝麻，再放入油锅内炸至色泽金黄**C**，捞出沥油，放在盘内，随带味汁一起上桌即可。

操作难度
★★☆☆☆

B

芝麻鸡肝

▶ ━━━━○━━━━━━ TIME / 20分钟 ◀Ⅲ▮▮ 　　口味：鲜咸味 ↖

白云凤爪

TIME / 12分钟 ◁▮▮▮▮

口味：鲜咸味

-原 料——

鸡爪（凤爪）500克 / 花椒、甘草各10克 / 香叶5克 / 葱段25克 / 姜块15克 / 精盐2小匙 / 味精1大匙 / 鸡精4小匙

-制 作——

① 葱段、姜块、花椒、甘草、香叶用纱布包裹好成调料包**A**；鸡爪放入清水锅中煮20分钟至熟**B**，捞出。

② 锅内加上清水、调料包、精盐、味精、鸡精，用小火煮45分钟成白卤汤，捞出调料包不用，将白卤汤过滤，倒入干净容器内晾凉。

③ 把煮熟鸡爪放在白卤汤中浸卤至入味**C**，食用时捞出鸡爪，码放在盘内，再淋上少许卤汁即可。

操作难度
★★☆☆☆

木瓜排骨煲鸡爪

TIME / 90分钟

口味：鲜咸味

-原 料—

鸡爪400克 / 猪排骨250克 / 木瓜200克 / 姜片5克 / 精盐、味精各1大匙 / 鲜汤1000克

-制 作—

① 木瓜洗净，去皮及瓤，切成大块Ⓐ；鸡爪剁去爪尖，撕去老皮，用沸水焯烫一下，捞出、冲净。

② 猪排骨洗净，剁成小段，放入沸水锅中，加入少许精盐焯烫一下Ⓑ，捞出沥干。

③ 砂锅上火，加入鲜汤，下入鸡爪、排骨段、姜片烧沸，撇去浮沫，转中火煲约1小时至肉熟汤浓，放入木瓜块、精盐、味精煮至入味，即可关火上桌。

操作难度
★★☆☆☆

-原 料——

鸭脖500克／大葱、姜块各15克／香叶10片／
丁香10粒／砂仁8粒／花椒5克／桂皮1大块／
八角4个／草蔻2粒／干辣椒、小茴香各少许／
精盐、白糖各1小匙／料酒4大匙／红曲米、香
油各2小匙

-制 作——

① 将大葱去根，择去老叶，洗净，切成
段；姜块去皮，洗净，切成片。

② 将鸭脖去除杂质，洗净，剁成大块，
放入容器中🅐，加入葱段、姜片和精
盐拌匀，腌30分钟。

③ 锅中放入葱、姜、香叶、砂仁、草蔻、小
茴香、花椒、丁香、八角、桂皮炒香🅑。

④ 加入料酒、白糖、红曲米、干辣椒、适
量清水烧沸，熬煮30分钟成浓汁。

⑤ 放入鸭脖🅒，用旺火煮20分钟🅓，关
火后在汤汁中浸泡至入味🅔，取出、
晾凉，刷上香油，装入盘中即可。

操作难度
★★☆☆☆

TIME / 90分钟

香辣鸭脖

口味：香辣味

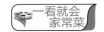
- 原 料 ——

凤爪1000克／青、红辣椒200克／大蒜100克／姜丝25克／辣椒粉1大匙／白糖6大匙／味精1小
匙／虾酱4小匙／白醋2大匙

- 制 作 ——

① 青、红辣椒洗净，切成菱形块Ⓐ；凤爪刮洗干净Ⓑ，
放入沸水锅内煮熟，捞在凉水盆内浸泡6小时。

② 大蒜去皮，捣成蒜泥，加入白糖、虾酱、白醋、味精、
辣椒粉拌成泡腌调味料。

③ 青、红辣椒块、凤爪、姜丝拌和在一起，一层一层装
入坛内，层层抹上泡腌调味料，置于阴凉处泡腌12
小时，食用时取出，装盘上桌即可。

操作难度
★★☆☆☆

辣椒泡凤爪

▶ ⬤ —————————— TIME／18小时 ◀▮▮▮   口味：香辣味 ↖

银杏黄瓜煲水鸭

TIME / 180分钟

口味: 鲜咸味

-原 料——

水鸭1只 / 黄瓜1根（约100克）/ 银杏、枸杞子各5粒 / 姜块10克 / 精盐、味精各2小匙 / 胡椒粉少许 / 料酒1大匙

-制 作——

① 黄瓜去蒂, 洗净, 切开后去瓤, 切成小段Ⓐ; 姜块去皮、洗净, 切成片; 水鸭洗涤整理干净, 放入沸水锅内焯烫一下Ⓑ, 捞出、冲净。

② 砂锅置火上, 放入水鸭、黄瓜段、姜片, 再加入适量清水、料酒烧沸, 转小火煲约2小时。

③ 放入洗净的银杏、枸杞子煲约40分钟, 加入精盐、味精、胡椒粉调味, 离火上桌即成。

操作难度
★★☆☆☆

-原 料——

油豆皮200克/土豆150克/香菇丝75克/金针蘑50克/葱末、姜末、葱段、姜片各少许/精盐、甜面酱各1小匙/白糖、酱油、料酒各2小匙/水淀粉1大匙/植物油适量

-制 作——

操作难度
★★★☆☆

1 土豆洗净、煮熟、去皮，压成泥，加入金针蘑、香菇丝、葱末、姜末、精盐、料酒、水淀粉拌匀成馅料**A**。

2 油豆皮切成正方形，涂抹上馅料，卷起成素鸡卷**B**，放入煎锅内煎至色泽金黄**C**，捞出沥油。

3 锅内放油烧热，下入葱段、姜片爆香，加入料酒和甜面酱、酱油、白糖、味精和清水烧沸，放入素鸡卷烧2分钟，用水淀粉勾芡，淋上香油，出锅即可。

素烧鸡卷

▶ ━━━━━●━━━━━━ TIME / 30分钟 ◀▮▮▮▯

口味：鲜咸味

-原 料——

鸭肉250克 / 魔芋150克 / 青蒜30克 / 姜片10克 / 蒜片15克 / 精盐1/2小匙 / 豆瓣酱2大匙 / 酱油、料酒、淀粉各1大匙 / 花椒粉1/2大匙 / 香油少许 / 上汤300克 / 植物油3大匙

-制 作——

① 魔芋洗净、切成条, 放入沸水锅内焯烫一下Ⓐ, 捞出沥水; 鸭肉洗净, 切成大块; 青蒜洗净, 斜刀切段。

② 净锅置火上, 加入植物油烧热, 下入姜片、蒜片炒香, 放入鸭肉块炒至变色Ⓑ。

③ 加入精盐、酱油、料酒、豆瓣酱、花椒粉, 添入上汤, 转小火烧煮20分钟, 放入魔芋条续烧10分钟, 撒入青蒜段炒匀, 淋入香油, 出锅装盘即可。

操作难度
★★★☆☆

魔芋烧鸭

▶ ━━━━━━━━━━ TIME / 60分钟 ◀▮▮▮▮   口味: 鲜辣味 ↖

菊香豆腐煲

▶ ━━━━━●━━━━━━━━━━ TIME / 30分钟 ◁▮▮▮

-原 料-

南豆腐200克／鸡胸肉100克／净虾仁75克／菊花25克／鸡蛋清2个／油菜心少许／大葱、姜块各15克／精盐2小匙／料酒4小匙／味精、胡椒粉各少许／水淀粉1大匙／植物油2大匙

-制 作-

① 菊花取花瓣，洗净；大葱、姜块分别洗净，切成条块，放入粉碎机内。

② 加入鸡胸肉、鸡蛋清、胡椒粉、少许虾仁、豆腐、料酒打碎Ⓐ，加入精盐和味精搅拌均匀成豆腐鸡肉浓糊。

③ 把豆腐鸡肉浓糊倒入容器内，放入蒸锅中，用旺火蒸15分钟Ⓑ，再加上油菜心蒸1分钟Ⓒ。

④ 锅中加油烧热，加入料酒和清水烧沸，加上精盐、味精、胡椒粉调匀。

⑤ 用水淀粉勾芡Ⓓ，放入剩余的虾仁调匀Ⓔ，倒在豆腐上，撒上菊花瓣即可。

操作难度
★★★☆☆

口味：鲜咸味

秘制啤酒鸭

▶ ━━━━━━●━━━━━━ TIME / 75分钟 ◁ ▌▌▌▌

口味：酒香味

-原 料━━

净鸭1只(约1500克) / 水发香菇100克 / 桂皮、小葱、姜片、干辣椒各少许 / 精盐、味精、白糖各1小匙 / 酱油2大匙 / 啤酒1瓶 (500毫升)

-制 作━━

① 鸭子洗涤整理干净Ⓐ，放入沸水锅内焯烫Ⓑ，再放入清水锅中，加入姜片、干辣椒、桂皮煮15分钟，取出鸭子，将水发香菇塞入鸭腹中，用小葱封口。

② 净锅置火上烧热，放入鸭子、啤酒、酱油、白糖、辣椒、姜片和桂皮，旺火烧沸后转中火。

③ 用锅铲不断将锅中汤汁浇在鸭肉上，待汤汁红亮、鸭肉呈红色时，加入精盐、味精调匀即可。

操作难度
★★★☆☆

-原 料-

豆腐块500克/五花肉片100克/冬笋片、青椒块、红椒块、水发木耳各30克/葱段、姜片、蒜片各10克/精盐、白糖、味精、淀粉、豆瓣酱、酱油、番茄酱、料酒、植物油各适量

-制 作-

操作难度
★★★☆☆

① 将豆腐洗净，片成大片，放入热油中煎至两面金黄色Ⓐ，出锅晾凉；猪五花肉洗净，切成薄片Ⓑ；冬笋洗净，切成片；水发木耳择洗干净，撕成小块。

② 锅中加油烧热，放入豆瓣酱略炒，再下入葱段、姜块、蒜片炒香，然后放入五花肉炒匀，加入精盐、番茄酱、酱油、白糖及清水，放入笋片、木耳、豆腐烧沸Ⓒ。

③ 转小火烧约2分钟，最后放入青椒块、红椒块炒匀，用水淀粉勾芡，加入味精调味，即可出锅装盘。

家常豆腐

▷ ━━━━━━●━━━━━━ TIME / 20分钟 ◁▮▮▮▮ 口味：家常味 ↖

香辣爆鸭胗

▶ ━━━━━━━●━━━━━━━ TIME / 20分钟 ◁▮▮▮▮   口味：香辣味 ↖

-原 料——

鸭胗300克/青尖椒、红尖椒各50克/葱片、姜片、蒜片、红干椒段、花椒粒、精盐、味精、老抽、白糖、花椒粉、白胡椒粉、料酒、淀粉、植物油各适量

-制 作——

① 鸭胗剖开，去除杂质，撕去黄膜，切成小片Ⓐ；青尖椒、红尖椒分别洗净，去蒂及籽，切成小段。

② 鸭胗加入料酒、姜片、老抽、白糖、花椒粉、胡椒粉、精盐、淀粉拌匀，腌渍10分钟。

③ 锅中加入植物油烧热，下入花椒、红干椒段、姜片、蒜片炒香Ⓑ，放入鸭胗片炒至变色，加入青红尖椒段炒匀，放入老抽、味精、葱片炒匀即可。

操作难度
★★☆☆☆

烧焖豆腐

▶ ━━━━━━◉━━━━━━━━ TIME / 25分钟 ◀❚❚❚ | 口味：鲜咸味 |

-原 料——

豆腐500克／鸡蛋1个／香菜末少许／葱末、姜末各5克／精盐、鸡精、料酒、香油各1小匙／鲜汤
100克／淀粉、植物油各2大匙

-制 作——

❶ 将豆腐洗净，切成3厘米长、2厘米宽、0.5厘米厚的
片Ⓐ，放入沸水锅中焯至透Ⓑ，捞出沥干。

❷ 鸡蛋磕入碗中，加入少许精盐、淀粉搅匀，倒入热油
锅中烙成鸡蛋皮，取出，切成菱形片。

❸ 锅中加入植物油烧热，下入葱末、姜末炒香Ⓒ，放入
豆腐、鸡蛋皮、精盐、鸡精、料酒、鲜汤、香菜末烧
焖至入味，用水淀粉勾芡，淋入香油即成。

操作难度
★★☆☆☆

-原 料——

豆皮200克/猪肉末100克/榨菜末50克/水
发海米20克/水发木耳15克/鸡蛋黄1个/
葱末、姜末各10克/精盐1小匙/味精少许/
淀粉1大匙/水淀粉2大匙/料酒4小匙/香
油2小匙

-制 作——

① 猪肉末加入姜末、榨菜末、海米、香
油、精盐、料酒搅匀成馅料Ⓐ。

② 豆皮切成大片Ⓑ，撒上淀粉，放上馅
料，包好成千张包Ⓒ，放入烧热的平
锅内煎约3分钟Ⓓ，取出。

③ 锅置火上，加入少许植物油烧热，放
入姜末炒香，烹入料酒，加入精盐、
味精及少许清水烧沸。

④ 放入水发木耳和煎好的千张包，转小
火烧约3分钟Ⓔ，取出千张包装盘。

⑤ 锅中汤汁上火烧沸，放入葱末，用水
淀粉勾芡，浇在千张包上即成。

操作难度
★★★☆☆

TIME / 25分钟

湖州千张包

口味：鲜咸味

-原 料——

干豆腐200克／黄瓜150克／红辣椒20克／香菜段10克／葱丝15克／精盐、米醋各1小匙／味精、白糖各1/2小匙／酱油、香油各2小匙

-制 作——

1 干豆腐洗净，切成细丝，放入清水锅中烧沸，焯煮3分钟，捞出沥干；黄瓜洗净，切成细丝**A**。

2 红辣椒洗净，去蒂及籽，切成细丝**B**，放入沸水锅中略焯，捞出、过凉，沥干水分。

3 黄瓜丝、干豆腐丝、红辣椒丝、葱丝、香菜段放入容器中**C**，加入用精盐、味精、白糖、酱油、米醋、香油调好的味汁拌匀，即可装盘上桌。

操作难度
★★☆☆☆

黄瓜拌干豆腐

▶ ━━━━━●━━━━━━ TIME / 10分钟 ◀❙❙❙❙

口味：鲜辣味

海鲜烧豆腐

▶ ━━━━━━●━━━━━━ TIME / 25分钟 ◁▮▮▮▮   口味：鲜咸味 ↖

-原 料-

豆腐1块／净鱿鱼100克／水发海参、净虾仁各75克／小油菜少许／葱段10克／姜片5克／精盐、鸡精、白糖、蚝油各1小匙／植物油、高汤、水淀粉各适量

-制 作-

① 豆腐洗净，切成片Ⓐ，放入热油锅中炸至金黄色，放入盘中Ⓑ；净鱿鱼、水发海参洗净，均切成片。

② 锅中加入清水烧沸，分别放入鱿鱼片、海参片、小油菜焯烫一下，捞出沥水。

③ 锅中加入植物油烧热，下入葱段、姜片炒香，加入蚝油、高汤、豆腐、虾仁、鱿鱼、海参、精盐、鸡精、白糖烧至入味，用水淀粉勾薄芡，出锅装碗即可。

操作难度
★★★☆☆

- 原 料 —

油豆皮200克 / 水发香菇、冬笋、胡萝卜、水发木耳各50克 / 锅巴、茶叶各少许 / 白糖2小匙 / 精盐、胡椒粉、酱油各1小匙 / 料酒、水淀粉各1大匙 / 香油、植物油各适量

- 制 作 —

① 水发香菇、冬笋、胡萝卜、水发木耳均切成细丝Ⓐ，放入热油锅内炒匀，加入料酒、酱油、精盐、清水煮沸，用水淀粉勾芡，倒入容器中晾凉成馅料Ⓑ。

② 取一容器，加入油豆皮、酱油、白糖和清水搅匀，捞出豆皮，放上馅料，卷成卷，按实成素鹅生坯Ⓒ。

③ 锅巴、茶叶、白糖、胡椒粉放熏锅内，架上箅子，摆上生坯熏2分钟，取出抹上香油，切成条即可。

操作难度
★★★☆☆

烟熏素鹅

▶ ⬤━━━━━━━━━━ TIME / 25分钟 ◀▮▮▮▮   口味：熏香味 ↖

-原 料-

嫩豆腐8条 / 香菜15克 / 大葱30克 / 姜丝15克 / 红干椒10克 / 海鲜酱油3大匙 / 葱油2大匙 / 植物油750克 (约耗50克)

-制 作-

1 嫩豆腐取出, 切成2厘米厚的圆片 **A**; 香菜去根和老叶, 洗净, 切成小段; 大葱去根, 留葱白部分, 切成细丝; 红干椒泡软, 去蒂、去籽, 切成丝。

2 锅中加上油烧至八成热, 逐片下入嫩豆腐 **B**, 炸至表面金黄、外皮定型时, 捞出沥油。

3 豆腐片放入盘中, 淋入酱油, 撒上葱丝、姜丝、红干椒丝及香菜段, 浇上烧热的葱油即可。

操作难度
★★☆☆☆

葱油豆腐

TIME / 10分钟

口味: 葱油味

炸豆腐丸子

▶ ━━━━○━━━━━━━━━━ TIME / 20分钟 ◁▮▮▮▮   口味：鲜咸味

-原 料-

豆腐500克／水发海米末50克／鸡蛋1个／酱苤蓝末、酱姜芽末各15克／香菜末少许／葱末10克／
精盐、花椒粉各1/2小匙／甜面酱2大匙／淀粉3大匙／植物油、花椒盐各适量

-制 作-

① 豆腐上屉蒸5分钟，取出、晾凉，碾成泥状，放入碗中，加入鸡蛋、水发海米末、甜面酱、酱姜芽末、葱末、酱苤蓝末、香菜末、精盐、花椒粉搅匀成馅料。

② 将馅料挤成直径3.5厘米的丸子Ⓐ，滚上淀粉，下入五成热油中炸至浅黄色Ⓑ，捞出沥油。

③ 待锅内油温升至八成热时，再下入丸子复炸至金黄色、酥脆，捞出装盘，跟花椒盐上桌蘸食即可。

操作难度
★★★☆☆

Part 4
清鲜适口水产品

酒酿鲈鱼

DVD

TIME / 30分钟

口味：鲜辣味

- 原 料 —

鲈鱼1条／酒酿200克／红尖椒圈少许／葱段、姜片各10克／精盐3小匙／白糖、胡椒粉各1/2小匙／水淀粉1大匙／酱油1小匙／植物油适量

- 制 作 —

① 将鲈鱼洗涤整理干净，擦净水分，两面剞上一字刀深至鱼骨Ⓐ。

② 葱段、姜片放入大碗中，加入精盐拌匀Ⓑ，先擦匀鲈鱼身，再放入鱼腹中，腌渍15分钟。

③ 锅置火上，加入植物油烧热，将鲈鱼去净葱姜，放入锅中煎炸至金黄色时Ⓒ，取出、沥油，放入鱼盘中。

④ 净锅置火上，放入酒酿，加入酱油、精盐、胡椒粉、白糖调匀Ⓓ。

⑤ 撒入红尖椒圈，用水淀粉勾芡Ⓔ，出锅浇在鲈鱼上即可。

操作难度
★★☆☆☆

醋酥鲫鱼

▶ ———○————— TIME / 180分钟 ◁▮▮▮▮   口味：鲜咸味 ↖

-原 料——

净小鲫鱼750克 / 猪骨头250克 / 猪肉皮150克 / 大葱、姜块、蒜瓣各15克 / 八角3个 / 酱油2大匙 / 精盐2小匙 / 料酒、白糖各1大匙 / 米醋、香油各适量

-制 作——

① 猪肉皮刮净Ⓐ，放入沸水锅内汆透Ⓑ，捞出卷成卷；猪骨头焯烫，捞出、过凉，沥水，放在砂锅内垫底。

② 净小鲫鱼的鱼头朝锅心一条挨一条码成一个圆圈（中间留一孔），加入大葱、姜块、八角和肉皮，再按鲫鱼的码法，在两条鱼之间放上少许大葱。

③ 放入白糖、米醋、酱油、精盐、香油、料酒、清水煮沸，用微火煨至酥烂，离火、晾凉即可。

操作难度
★★★☆☆

-原 料-

净草鱼1条／菊花瓣50克／花生碎35克／熟芝麻20克／葱末、姜末、蒜末各少许／精盐、芝麻酱、酱油各2小匙／花椒粉1/2大匙／白糖、米醋各1小匙／油豆瓣3大匙／香油3小匙

-制 作-

① 净草鱼剁成大块Ⓐ，放入清水锅内，加上精盐烧沸，转小火焖煮至熟香Ⓑ。

② 碗中加入米醋、酱油、精盐、油豆瓣、熟芝麻、花椒粉、香油、芝麻酱调匀Ⓒ，再放入花生碎、葱末、姜末、蒜末、白糖、25克菊花瓣调匀成口水味汁。

③ 将焖好的鱼块取出，摆入盘中呈鱼形，浇上调好的口水味汁，撒上剩余的菊花瓣即可。

操作难度
★★☆☆☆

菊花口水鱼

TIME / 25分钟 ◁▮▮▮▮

口味：鲜辣味

麻辣鳕鱼

▶ ━━━━○━━━━━ TIME / 30分钟 ◁▮▮▮▮ 　口味：麻辣味

-原 料——

净鳕鱼1条(约600克)/干辣椒30克/葱段、姜片、精盐、味精、花椒粒、香油各少许/白糖1小匙/料酒、淀粉各2大匙/鲜汤200克/植物油适量

-制 作——

① 干辣椒切成小段,同花椒一起用少许清水泡软;鳕鱼洗净,剁成2厘米宽的段Ⓐ,拍匀淀粉,下入七成热油锅内炸至金黄色Ⓑ,捞出沥油。

② 锅中留底油烧热,下入花椒、干辣椒、葱段、姜片炒香,添入鲜汤煮沸。

③ 放入鳕鱼块、精盐、料酒、味精、白糖,转小火烧至鱼熟汁浓,淋入香油,出锅装盘即可。

操作难度
★★★☆☆

干烧草鱼

▶ ⬤━━━━━━━━━━━ TIME / 25分钟 ◀)▮▮▮ 　　　　口味：鲜辣味 ↖

-原 料—

净草鱼750克 / 肥猪肉丁100克 / 葱末、姜末、蒜末各25克 / 豆瓣酱50克 / 酱油1小匙 / 白糖1大匙 / 精盐、味精、白醋、料酒各2大匙 / 植物油适量

-制 作—

① 净草鱼表面剞上十字花刀Ⓐ，加上少许精盐、料酒略腌，再放入热油锅内炸成浅黄色，捞出沥油。

② 锅中留底油，复置火上烧热，下入猪肉丁Ⓑ、豆瓣酱、葱末、姜末、蒜末煸香出味。

③ 烹入料酒，加入酱油、白糖、精盐和适量清水煮沸，放入草鱼，用小火烧至熟透，加入味精调味，淋入白醋，出锅装盘即可。

操作难度
★★★☆☆

-原 料——

草鱼1条(约1000克)/鸡蛋清1个/熟松仁少许/葱段、姜块(拍破)各10克/精盐1大匙/胡椒粉1/2小匙/料酒2小匙/浓缩橙汁、淀粉各适量/水淀粉2大匙/植物油750克(约耗70克)

-制 作——

① 草鱼洗涤整理干净, 去除鱼骨, 取带皮草鱼肉**A**, 片成大片, 再切成梳子状。

② 鱼肉放在碗内**B**, 加入少许精盐、料酒、胡椒粉、鸡蛋清、葱段、姜块拌匀, 腌15分钟至入味**C**。

③ 将腌好的鱼肉片取出, 沥去腌汁, 均匀地裹上淀粉后抖散, 卷成卷。

④ 锅中加油烧热, 下入鱼卷炸至淡黄色、呈珊瑚状时**D**, 捞入盘中。

⑤ 锅留底油烧热, 加入浓缩橙汁、清水、精盐烧沸**E**, 用水淀粉勾芡, 起锅浇在珊瑚鱼上, 撒上熟松子即可。

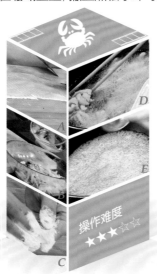

操作难度
★★★☆☆

TIME / 25分钟

辉煌珊瑚鱼

口味：香甜味

-原 料——

活鲈鱼1条(约750克)/胡萝卜75克/姜片20克/精盐1小匙/料酒1大匙/香油3大匙/猪骨汤
1000克

-制 作——

① 鲈鱼宰杀,去鳞、去鳃、除内脏Ⓐ,洗净,在鱼身两
侧剞上交叉花刀;胡萝卜去皮,洗净,切成块。

② 坐锅点火,加入香油烧至六成热,放入鲈鱼Ⓑ煎至
两面呈黄色,捞出沥油。

③ 锅中留底油烧热,下入姜片炒香,放入鲈鱼、胡萝卜
略烧,烹入料酒,添入猪骨汤,旺火烧沸后转小火煲
约30分钟,加入精盐调匀,出锅装碗即成。

操作难度
★★☆☆☆

老姜鲈鱼汤

▶ ━━━━○━━━━━━━ TIME / 40分钟 ◁▮▮▮▮　　　□味: 鲜咸味 ↘

葱油黄鱼

▶ ━━━━━━●━━━━━━ TIME / 30分钟 ◀▮▮▮

口味：葱油味 ↖

-原 料━━

黄鱼1条(约750克)／姜片、葱丝、姜丝、葱段各10克／精盐、味精、料酒、胡椒粉、白糖、酱油、植物油各适量

-制 作━━

❶ 黄鱼去掉鱼鳞、鱼鳃和内脏, 洗净血污, 擦净水分, 在鱼身两侧剞上十字花刀**Ⓐ**。

❷ 锅中加入清水烧沸, 放入葱段、姜片、黄鱼和料酒煮沸, 盖上锅盖**Ⓑ**, 改用小火煮至熟, 捞出装盘。

❸ 净锅烧热, 滗入适量煮鱼原汤, 放入姜丝、精盐、料酒、酱油、白糖、胡椒粉、味精煮沸, 出锅浇在黄鱼上, 撒上葱丝, 淋入热油, 即可上桌。

操作难度 ★★★☆☆

-原 料—

净鲤鱼1条／青椒丝、红椒丝、笋丝、香菜段各少许／葱丝、姜丝、蒜蓉各少许／精盐4小匙／白糖、米醋各4大匙／酱油1小匙／料酒2大匙／淀粉、植物油各适量

-制 作—

① 净鲤鱼剞上花刀, 抹匀精盐和料酒, 腌渍15分钟Ⓐ; 淀粉加上清水和少许植物油搅匀成淀粉糊。

② 把鲤鱼放入淀粉糊中挂匀糊, 放入烧至八成热的油锅内炸至定型、酥脆Ⓑ, 捞出装盘。

③ 锅中留底油烧热, 下入葱丝、姜丝、蒜蓉、笋丝、青椒丝、红椒丝、香菜段炒香, 加上料酒、米醋、酱油、精盐、白糖烧沸Ⓒ, 用水淀粉勾芡, 浇在鱼上即可。

操作难度
★★★☆☆

五柳糖醋鱼 DVD

▶ ━━━━━●━━━━━━ TIME / 25分钟 ◁▮▮▮▮ 　　口味: 酸甜味 ↖

-原 料——

净草鱼肉500克 / 泡红辣椒50克 / 葱段、蒜片各10克 / 姜片5克 / 精盐1大匙 / 味精1小匙 / 酱油、白醋、白糖、料酒各1/2小匙 / 高汤400克 / 植物油2大匙

-制 作——

① 净草鱼肉洗净,切成3厘米见方的块❹,加入精盐、料酒拌匀❸,腌渍1小时。

② 净锅置火上,加入植物油烧至七成热,下入泡红辣椒、葱段、姜片、蒜片炝锅出香辣味。

③ 烹入料酒,加入精盐、白糖、酱油、草鱼块、高汤烧沸,转小火煮至鱼熟,改用旺火收汁,加入白醋、味精调匀,出锅装盘即可。

操作难度
★★★☆☆

辣子鱼块

▶ ━━━━━━━○━━━━━━━ TIME / 30分钟 ◁▌▌▌ 口味: 香辣味 ↖

时蔬三文鱼沙拉

DVD

▶ ━━━━●━━━━━━━━━━ TIME / 15分钟 ◁▮▮▮▮

-原 料——

三文鱼250克/生菜、紫甘蓝、核桃仁、洋葱、青椒、红椒、柠檬、黄瓜各50克/熟芝麻少许/精盐、蛋黄酱、酱油、番茄酱、红酒、柠檬汁、橄榄油各适量

-制 作——

1 三文鱼洗净, 切条Ⓐ; 紫甘蓝、青椒、红椒、柠檬、黄瓜分别洗净, 均切条Ⓑ。

2 洋葱洗净, 一半切成条, 一半切成末; 生菜洗净, 撕开后放入盘中垫底Ⓒ。

3 生菜上间隔码上洋葱条、青椒条、红椒条、柠檬条和黄瓜条, 中间码放三文鱼条, 撒上核桃仁。

4 红酒倒入杯中, 加入洋葱末、柠檬汁、精盐、熟芝麻、酱油、橄榄油拌匀成红酒汁Ⓓ。

5 蛋黄酱放入碗中, 加入番茄酱、少许洋葱末搅匀, 同红酒汁、蔬菜三文鱼一起上桌Ⓔ即可。

操作难度
★★☆☆☆

139

一看就会
家常菜

椒盐三文鱼

▶ ─────●──────────── TIME / 20分钟 ◁▮▮▮▮ 　　　　　口味：椒盐味 ↖

-原 料—

三文鱼肉200克／青椒丁、红椒丁各30克／香菜末15克／葱花、姜末、蒜末各5克／精盐、味精、
白糖、胡椒粉、香油各1/2小匙／花椒盐1大匙／料酒2小匙／淀粉2大匙／植物油适量

-制 作—

1 三文鱼肉洗净，切成2厘米见方的块Ⓐ，拍匀淀粉Ⓑ，
下入八成热油锅内炸至金红色Ⓒ，捞出沥油。

2 锅中留底油烧热，下入青椒丁、红椒丁、葱花、姜末、
蒜末炒香，放入鱼肉丁，加入精盐、味精、白糖、香
油、胡椒粉、料酒翻炒均匀。

3 撒入香菜末，淋入香油，出锅装盘，跟花椒盐上桌
蘸食即可。

操作难度
★★★☆☆

A

B

-原 料——

鲈鱼1条（约500克）/精盐、姜汁各1小匙/料酒1大匙/胡椒粉、孜然粉、白糖、味精各少许/植物油适量

-制 作——

❶ 鲈鱼去掉鱼鳞、鱼鳃，从脊背处切开Ⓐ，去掉内脏和杂质，表面剞上一字花刀Ⓑ，洗净血污，擦净水分。

❷ 精盐、姜汁、料酒、胡椒粉、白糖、孜然粉、味精放小碗内调拌均匀成味汁，涂抹在鲈鱼上（两面都要涂匀），腌渍30分钟。

❸ 把腌渍好的鲈鱼放在炭火上，边烤边刷上植物油，待把鲈鱼烤至熟香时，装盘上桌即成。

操作难度
★★★☆☆

炭烤鲈鱼

TIME / 40分钟

口味：鲜咸味

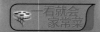

什锦藕丁炒虾

▶ ━━━○━━━━━ TIME / 25分钟 ◁▮▮▮▮ 口味：鲜咸味 ↖

-原 料━━

大虾300克 / 莲藕200克 / 火腿丁、豆干丁各100克 / 青椒、红椒各20克 / 精盐1/2小匙 / 辣酱2小匙 / 酱油1小匙

-制 作━━

1 大虾洗净，去头、去壳，挑去沙线，留下尾部；莲藕去皮、洗净，切成小丁；青椒、红椒均切成丁Ⓐ。

2 锅中加入植物油烧至七成热，放入豆干丁，用旺火煸炒1分钟Ⓑ，至表面呈微黄色。

3 倒入莲藕丁、大虾翻炒2分钟，加入辣酱、酱油、精盐翻炒均匀，放入火腿丁、青椒丁、红椒丁续炒1分钟，出锅装盘即成。

操作难度
★★★☆☆

香脆大虾

▶ ━━━━━━━●━━━━━━━ TIME / 20分钟 ◁▮▮▮

口味：鲜咸味 ↖

-原 料━━

大虾6只(约200克) / 面粉100克 / 精盐、味精各1/2小匙 / 料酒1小匙 / 葱姜汁、淀粉各2小匙 / 植物油600克(约耗50克)

-制 作━━

① 大虾去头及虾壳, 留下虾尾Ⓐ, 将虾身片成两片(中间不断), 洗净后挑断沙线(炸时不卷缩), 加上葱姜汁、料酒、精盐、味精拌匀, 腌渍入味Ⓑ。

② 把面粉、淀粉放入小碗内, 加上少许清水和植物油拌匀成面糊, 下入大虾裹匀糊。

③ 净锅置火上, 加入植物油烧热, 放入大虾炸至金黄色、酥脆Ⓒ, 捞出沥油, 装盘上桌即可。

操作难度
★★☆☆☆

A

B

-原 料--

鲅鲈鱼1条（约750克）/香葱25克/干辣椒5克/精盐1小匙/味精、白糖各1/2小匙/料酒、酱油各1大匙/番茄酱4小匙/鸡精、香油各少许/植物油适量

-制 作--

① 干辣椒洗净，切成小粒；香葱去根和老叶，切成葱花。

② 鲈鱼去鳞Ⓐ、去鳃Ⓑ及内脏Ⓒ，剞上一字花刀Ⓓ，加上精盐、味精、白糖、料酒、酱油拌匀，腌渍15分钟。

③ 锅中加油烧至六成热，下入鲈鱼，用中小火慢煎至两面发硬，滗去余油

④ 烹入料酒，加上番茄酱、鸡精烧5分钟至入味，出锅倒在锡纸上，淋上香油，撒上葱花、干辣椒粒。

⑤ 把锡纸包成正方形，包口朝下放入铁板上，以小火加热，待锡纸鼓起，上桌即成Ⓔ。

操作难度
★★★☆☆

TIME / 45分钟

铁板鲈鱼

口味：鲜咸味

-原 料——

虾仁300克／鲜香菇50克／红椒、黄椒、青椒各30克／酥腰果15克／葱末、姜末各5克／精盐、鸡精、胡椒粉、香油各1/2小匙／植物油2大匙

-制 作——

① 虾仁挑除沙线，洗净；红椒、黄椒、青椒分别洗净，去蒂及籽，切成小丁Ⓐ；鲜香菇去蒂，切成小丁。

② 净锅置火上，加上植物油烧热，下入葱末、姜末炝锅出香味，加入虾仁炒至变色Ⓑ。

③ 放入红椒丁、黄椒丁、青椒丁、香菇丁翻炒均匀，烹入料酒，加入精盐、鸡精、胡椒粉炒至入味，撒入酥腰果，淋入香油炒匀，出锅装盘即可。

操作难度
★★★☆☆

彩椒虾仁

▶ ──────●────────── TIME / 15分钟 ◁▮▮▮ 　　口味：鲜咸味

卤水手抓虾

▶ ──────●──────────── TIME / 25分钟 ◀▎▎▎▎

口味：鲜咸味

-原 料——

大虾1000克／干辣椒15克／八角、花椒、葱段、姜片、蒜瓣各10克／香叶、陈皮各5克／草果2克／精盐、白糖、味精、豆酱各2小匙／高汤150克／植物油适量

-制 作——

1 大虾剪去虾枪、虾尾，从背部片开去沙线Ⓐ，洗净，加入少许白糖、精盐拌匀，下入烧热的油锅中炸至金黄色Ⓑ，捞出沥油。

2 锅留底油烧热，下入干辣椒、八角、花椒、葱段、姜片、蒜瓣、香叶、陈皮、草果炒香。

3 加入白糖、味精、豆酱、高汤煮沸成卤汁，放入大虾卤至入味，装盘上桌即成。

操作难度
★★★☆☆

-原 料——

水发海参400克／鹌鹑蛋150克／葱段、姜片各15克／蚝油2小匙／胡椒粉、精盐、白糖、淀粉各少许／料酒、酱油、水淀粉各1大匙／植物油适量

-制 作——

1 鹌鹑蛋煮熟，捞出、过凉，去壳，放入油锅内炸上颜色，取出；水发海参洗净，片成大片**A**。

2 净锅置火上烧热，放入清水、料酒、精盐煮沸，放入海参片，用中小火煮3分钟**B**，捞出沥水。

3 锅中加油烧热，放入葱段、姜片炝锅，放入海参片、鹌鹑蛋、蚝油、酱油、料酒、胡椒粉、白糖烧入味**C**，用水淀粉勾芡，加入味精，出锅装盘即可。

操作难度
★★★☆☆

乌龙吐珠

TIME / 25分钟

口味：鲜咸味

-原 料——

小河虾500克／红辣椒、香菜各少许／葱丝10克／姜丝5克／精盐1大匙／味精、鸡精各1小匙

-制 作——

1 小河虾放入清水中浸泡Ⓐ，捞出冲净，沥水；红辣椒洗净，去蒂及籽，切成细丝；香菜洗净，切成小段。

2 锅中加入适量清水，放入精盐、味精、鸡精烧沸，下入小河虾煮至变色、熟嫩Ⓑ，撇去表面浮沫，捞出沥干，装入盘中。

3 将葱丝、姜丝、红辣椒丝、香菜段放入小碗中拌匀，撒在小河虾上即可。

操作难度

★★☆☆☆

盐水小河虾

▶ TIME / 10分钟 ◁❙❙❙❙ 　　口味：鲜咸味 ↖

菠萝沙拉拌鲜贝

▶ ══════●══════ TIME / 20分钟 ◁▮▮▮▮

口味：鲜咸味

-原 料—

鲜贝350克／菠萝100克／黄瓜片80克／洋葱、红辣椒各25克／鸡蛋1个／精盐、胡椒粉各1小匙／味精少许／面粉3大匙／沙拉酱4大匙／植物油适量

-制 作—

① 鲜贝洗净，轻轻攥去水分，切成两半，放入碗中，加入胡椒粉、精盐、味精拌匀，稍腌10分钟Ⓐ。

② 红辣椒、洋葱分别洗净，均切成三角片；菠萝去皮，洗净，切成小块Ⓑ。

③ 鸡蛋磕入碗中，加入面粉、少许植物油调拌均匀成软炸糊Ⓒ。

④ 把腌好的鲜贝放入软炸糊中裹匀，放入热油锅中炸至熟透Ⓓ，捞出沥油，放入大碗中。

⑤ 加入沙拉酱、菠萝块、红椒片、洋葱片拌匀Ⓔ，码放在用黄瓜片垫底的盘中，上桌即可。

操作难度
★★★★★

麻辣小龙虾

TIME / 45分钟 ◁▮▮▮▮

口味：麻辣味

- 原 料 ——

小龙虾500克／青椒、红椒各50克／大蒜3瓣／干辣椒5克／花椒6粒／精盐、白糖、酱油、火锅料、十三香各1小匙／植物油3大匙

- 制 作 ——

① 小龙虾放入清水中静养，使其吐净腹中污物，捞出冲净，下入热油锅中略炒一下Ⓐ，捞出沥油。

② 青椒、红椒分别洗净，去蒂及籽，切成小块；干辣椒洗净、切成小段；大蒜去皮，切去头尾。

③ 锅中加油烧热，下入花椒、干辣椒、大蒜炒香，放入小龙虾略炒Ⓑ，加入青椒、红椒、精盐、白糖、酱油、火锅料、十三香焖10分钟，出锅装盘即可。

操作难度

★★★☆☆

-原 料—

河虾300克／香菜、熟芝麻各少许／小葱15克／味精少许／胡椒粉1小匙／酱油2大匙／蚝油2小匙／料酒1大匙／植物油适量

-制 作—

1 河虾放入淡盐水中浸洗干净Ⓐ，捞出沥干；小葱、香菜分别择洗干净，切成细末。

2 锅内加上植物油烧热，加入胡椒粉、料酒、酱油、味精、蚝油和清水煮沸，出锅装碗成味汁Ⓑ。

3 净锅置火上，加上植物油烧至八成热，放入河虾炸至酥脆Ⓒ，出锅装碗，再放上小葱末、香菜末搅拌均匀，倒入味汁盆中，撒上熟芝麻，即可上桌。

操作难度

★★☆☆☆

江南盆盆虾 DVD

▶ ━━━━○━━━━━━━━━━ TIME / 15分钟 ◀▮▮▮▯

口味：鲜咸味

葱姜炒飞蟹

TIME / 15分钟 ◁▮▮▮▮

口味：鲜咸味

-原 料—

活飞蟹2只(约400克) / 葱段30克 / 姜片20克 / 精盐1小匙 / 胡椒粉1/2小匙 / 面粉3大匙 / 水淀粉1大匙 / 香油少许 / 植物油750克(约耗75克)

-制 作—

① 将活飞蟹开壳，去除内脏，洗净，剁成大块Ⓐ，拍匀面粉，下入五成热油中炸至金黄色Ⓑ、熟透，捞出，沥干油分。

② 锅中留底油，复置火上烧热，下入葱段、姜片炒出香味，放入飞蟹块炒匀Ⓒ。

③ 添入少许清水，加入精盐、胡椒粉炒至入味，用水淀粉勾芡，淋入香油，即可出锅装盘。

操作难度
★★☆☆☆

五谷蟹

▶ ─────○────────── TIME / 25分钟 ◁▮▮▮ 　　　　　　　口味：鲜咸味 ↖

-原 料——

海蟹1只(约300克) / 红干椒段10克 / 花椒6粒 / 葱末、姜末、蒜末各5克 / 精盐、白糖、豆豉、五谷粉各1小匙 / 鸡精1/2小匙 / 料酒2小匙 / 植物油适量

-制 作——

① 海蟹开壳, 去鳃、除内脏, 切成大块, 拍破蟹钳**Ⓐ**, 加入精盐、葱末、姜末、料酒拌匀, 腌渍5分钟。

② 坐锅点火, 加上植物油烧至六成热, 放入海蟹块、蟹钳炸至金红色**Ⓑ**, 捞出沥油。

③ 锅中留底油烧热, 下入红干椒段、花椒炸香, 加入葱末、姜末、蒜末、豆豉略炒, 放入海蟹块、蟹钳, 加入料酒、精盐、鸡精和五谷粉炒匀, 即可出锅。

操作难度
★★★☆☆

-原 料——

虾肉蓉150克 / 油豆泡、荸荠末、荸荠片、水
发木耳各少许 / 鸡蛋清1个 / 葱姜末、姜片、
蒜片各5克 / 精盐、酱油、胡椒粉、白糖、米
醋、料酒、水淀粉、香油、植物油各适量

-制 作——

① 油豆泡切下一面, 中间挖空 **A**, 把内侧
翻过来; 把取出的豆泡内瓤剁碎 **B**。

② 葱姜末、荸荠末、虾肉蓉、豆泡末调
匀, 再加入鸡蛋清和调料拌匀成馅
料, 酿入豆泡中成口袋虾生坯。

③ 锅置火上, 加油烧热, 下入口袋虾生
坯炸至金黄色 **C**, 取出沥油。

④ 锅中留底油烧热, 下入葱片、姜片、蒜
片炝锅, 烹入料酒, 放入水发木耳、
荸荠片炒匀。

⑤ 加入少许清水烧沸 **D**, 用水淀粉勾
芡, 放入炸好的口袋虾翻炒均匀 **E**,
淋入香油, 出锅装盘即可。

操作难度
★★★★☆

TIME / 30分钟

焦熘口袋虾

口味：鲜咸味

-原 料——

鲜贝肉300克／胡萝卜球50克／黄瓜球、草菇各30克／水发香菇15克／精盐1小匙／味精1/2小匙／料酒2小匙／胡椒粉少许／淀粉2大匙／植物油适量

-制 作——

① 鲜贝肉洗净，沥干水分，拍匀淀粉，下入热油锅中滑散、滑透Ⓐ，捞出沥油。

② 胡萝卜球、黄瓜球、草菇、香菇洗净，放入沸水锅中焯烫一下Ⓑ，捞出沥干。

③ 锅中加入植物油烧热，下入鲜贝肉、胡萝卜球、黄瓜球、草菇、香菇炒匀，放入精盐、味精、料酒、胡椒粉炒至入味，用水淀粉勾芡，出锅装盘即成。

操作难度
★★☆☆☆

五彩鲜贝

▶　　　　　　　　　　　TIME／10分钟　◀ ▮▮▮▮　　　　　口味：鲜咸味

椒爆鱿鱼丁

▶ ────────○────────── TIME / 25分钟 ◁▮▮▮▮   口味：鲜辣味 ↖

-原 料——

净鱿鱼1条／青椒、红椒各50克／葱末、姜末、蒜末各5克／精盐、白糖、胡椒粉各1/2小匙／味精1小匙／料酒、水淀粉各2大匙／植物油4大匙

-制 作——

① 净鱿鱼洗净，切成丁Ⓐ，放入沸水锅内略焯，捞出沥干；青椒、红椒分别洗净，去蒂及籽，均切成小丁，下入热油锅中翻炒一下，捞出、沥油。

② 锅中留底油，复置火上烧热，下入葱末、姜末、蒜末炒香，烹入料酒，添入少许清水烧沸。

③ 加上精盐、味精、胡椒粉、白糖和水淀粉炒浓稠，放入鱿鱼丁、青椒丁、红椒丁炒匀Ⓑ，出锅装盘即可。

操作难度
★★☆☆☆

-原 料-

净墨鱼块400克 / 胡萝卜丁30克 / 净香菇25克 / 青豆少许 / 鸡蛋2个 / 葱段、姜片各10克 / 淀粉2小匙 / 精盐1小匙 / 料酒1大匙 / 胡椒粉、植物油、香油、水淀粉各少许

-制 作-

1 把净墨鱼块、葱段、姜片、鸡蛋、料酒、胡椒粉、精盐、清水、香油放入粉碎机中**A**，用中速搅打片刻。

2 加入胡萝卜丁、净香菇和淀粉搅打成蓉，倒在涂有植物油的盒内，放入锅内蒸15分钟**B**，取出，扣在盘内。

3 净锅置火上，滗入蒸鱼糕的汤汁，加入少许清水、精盐、味精和青豆烧沸**C**，用水淀粉勾薄芡，淋入香油，出锅浇在墨鱼糕上即可。

操作难度
★★★☆☆

香滑墨鱼糕

▶ ━━━━━●━━━━━ TIME / 30分钟 ◀▌▌▌▌

口味：鲜咸味

-原 料——

墨鱼仔300克／青椒、红椒片25克／葱花、蒜片各5克／精盐1小匙／味精、白糖各1/2小匙／水淀粉2小匙／辣椒油1大匙／植物油2大匙

-制 作——

操作难度
★★☆☆

① 墨鱼仔去内脏，洗净，放入沸水锅中焯至八分熟Ⓐ，捞出，过凉，沥干水分；青椒、红椒分别去蒂、去籽，洗净，切成小片。

② 净锅置火上，加上植物油烧热，下入葱花、蒜片炒香，放入墨鱼仔、青椒片、红椒片略炒Ⓑ。

③ 加入精盐、白糖、味精，旺火翻炒至入味，用水淀粉勾薄芡，淋入辣椒油炒匀，出锅装盘即可。

双椒墨鱼仔

▶ ────●──────── TIME / 15分钟 ◀❙❙❙ 　　　口味：鲜辣味 ↖

椒麻鱿鱼花

▶ ──────○──────────── TIME / 20分钟 ◁▮▮▮▮   口味：椒麻味 ↖

-原 料──

鲜鱿鱼1条（约300克）/大葱30克/花椒粒5克/精盐、味精、鸡精各1/2小匙/香油1小匙/鲜汤2小匙

-制 作──

1 鲜鱿鱼去头、去膜、除内脏，洗涤整理干净，内侧剞上荔枝花刀Ⓐ，放入沸水锅中焯烫成鱿鱼卷Ⓑ，捞出冲凉，沥干水分，装入盘中。

2 大葱去根和老叶，洗净，剁成小粒；花椒粒剁成细末，放在小碗内，加上葱粒拌成椒麻糊。

3 加入精盐、味精、鸡精、香油、鲜汤调匀成椒麻味汁，淋在盘中鱿鱼卷上即可。

操作难度
★★★☆☆

Part 5
风味主食和小吃

一看就会
家常菜

鲜蔬鸡肉饭

▶ ⊙────────── TIME / 25分钟 ◁▮▮▮▮

-原 料——

大米饭400克 / 鸡胸肉200克 / 西蓝花、菜花各100克 / 胡萝卜花少许 / 精盐1小匙 / 胡椒粉少许 / 白糖2小匙 / 蚝油、酱油各1大匙 / 水淀粉、植物油各适量

-制 作——

① 鸡胸肉去掉筋膜，放入清水锅内煮至熟嫩Ⓐ，捞出、过凉，沥净水分。

② 把酱油、蚝油、胡椒粉、白糖、精盐和少许清水放在小碗内，拌匀成味汁。

③ 西蓝花、菜花掰成小瓣，放入清水锅内焯烫，捞出、过凉，沥水，与大米饭、胡萝卜花一起码放在盘内Ⓑ。

④ 净锅置火上，加入植物油烧至热，放入鸡胸肉炸3分钟Ⓒ，捞出沥油Ⓓ，切成条块，放在大米饭、蔬菜旁边。

⑤ 锅中留底油，复置火上烧热，倒入味汁煮沸，用水淀粉勾芡Ⓔ，出锅淋在大米饭、鸡肉条上即可。

操作难度
★★★☆☆

红油肉末面

TIME / 15分钟 ◀▌▌▌

口味：红油味

-原 料——

刀切面条300克/牛肉75克/油菜50克/干辣椒15克/葱末、姜末各10克/豆瓣酱、红油各1大匙/精盐、味精、排骨精、酱油、料酒各适量/清汤700克/植物油3大匙

-制 作——

① 牛肉剁成末 Ⓐ；油菜择洗干净，切成2厘米长的小段；干辣椒用温水洗净，切成丝；豆瓣酱剁碎。

② 锅内加入植物油烧热，放入干辣椒丝炸香，下入牛肉末炒至变色，放入豆瓣酱、葱末、姜末炒香。

③ 加入清汤煮沸，下入刀切面条 Ⓑ，用筷子轻轻拨散，中火煮至熟，加入料酒、精盐、排骨精、酱油、油菜段、味精，淋入红油，出锅装碗即成。

操作难度
★★☆☆

-原 料---

熟五花肉1大块／芋头、糯米饭各200克／红薯丁150克／精盐、料酒各2大匙／甜面酱2小匙／酱油1大匙／白糖、香油、植物油各适量

-制 作---

① 将熟五花肉切成大片Ⓐ；芋头去皮，洗净，切成大片Ⓑ，放入油锅内炸上颜色Ⓒ，捞出沥油。

② 糯米饭、红薯丁加入精盐、料酒、甜面酱、酱油、白糖和香油拌匀。

③ 把熟五花肉片和芋头片间隔地码放入大碗中，填上拌好的糯米饭，放入蒸锅中，用旺火蒸约1小时，取出，扣入盘中，淋上香油，即可上桌。

操作难度
★★★☆☆

芋薯扣肉饭

▶ TIME / 75分钟 ◀||||

口味：鲜咸味

三色鱼丸面

TIME / 30分钟 ◁▮▮▮▮

口味：鲜咸味

-原 料——

细挂面175克／鱼肉蓉100克／胡萝卜末、菠菜末各30克／香菜叶10克／鸡蛋清1个／精盐、味精、胡椒粉各少许／料酒、水淀粉、香油各2小匙／鲜汤400克／熟猪油2大匙

-制 作——

① 鱼肉蓉加入鸡蛋清、料酒、胡椒粉、水淀粉、熟猪油、鲜汤、精盐、味精搅匀上劲Ⓐ；分成三等份，一份加入菠菜末搅匀，一份加入胡萝卜末搅匀。

② 净锅置火上，加入鲜汤、精盐煮至微沸，将三色鱼蓉挤成小丸子，下入汤锅内，用中火烧沸。

③ 下入细挂面，改用小火煮至熟Ⓑ，加入少许味精、香油、香菜叶煮匀，出锅装碗即可。

操作难度
★★★☆☆

牛肉萝卜蒸饺

▶ ━━━━━━━━━━ TIME / 30分钟 ◁▮▮▮▮   口味: 鲜咸味 ↖

-原 料——

面粉300克 / 牛肉末250克 / 白萝卜100克 / 香菜末25克 / 泡打粉5克 / 葱末、姜末各15克 / 精盐、老抽各1小匙 / 味精、肉桂粉各1/2小匙 / 料酒、高汤、香油各适量

-制 作——

① 面粉加入泡打粉和适量清水调匀Ⓐ, 和成面团, 饧约30分钟; 白萝卜去皮、洗净, 切成碎末。

② 牛肉末加入萝卜末、葱末、姜末、香菜末、高汤、料酒、老抽、精盐、味精、肉桂粉、香油搅匀成馅料Ⓑ。

③ 把面团揉匀, 搓成长条, 揪成小剂子, 按扁后擀成圆皮, 包入馅料, 提褶捏成月牙形饺子生坯, 摆入蒸锅中, 旺火蒸15分钟至熟, 出锅装盘即可。

操作难度 ★★★☆☆

-原 料——

大米饭200克／虾仁150克／豆腐1块／鸡蛋清1个／葱末、姜末各5克／精盐1小匙／胡椒粉、味精各1/2小匙／淀粉少许／料酒2小匙／植物油适量

-制 作——

① 豆腐放入淡盐水中浸泡，取出、碾压成豆腐泥；大米饭放入大碗中，加入适量清水调匀，再沥净水分。

② 虾仁去除沙线，洗净，控净水分，用刀背剁成虾泥Ⓐ，放入大碗中。

③ 加入料酒、精盐、鸡蛋清、胡椒粉、葱末、姜末搅上劲，放入淀粉、豆腐泥调拌均匀，制成豆腐虾泥馅料Ⓑ。

④ 在大米饭中放入淀粉拌匀，裹上调好的豆腐虾泥馅料，团成生坯Ⓒ。

⑤ 锅置火上，加入植物油烧热，放入生坯略煎Ⓓ，然后翻面续煎至熟Ⓔ，出锅装盘即可。

操作难度
★★★☆☆

TIME / 25分钟

饭酥虾仁豆腐

口味：鲜咸味

-原 料——

玉米面300克/豆腐250克/韭菜末200克/面粉150克/黄豆面50克/水发海米25克/姜末15克/精盐、鸡精各1小匙/味精、五香粉各少许/植物油、香油各适量

-制 作——

操作难度
★★★☆☆

❶ 玉米面用沸水烫透,晾凉,加入面粉、黄豆面及少许清水和成面团❹,揉匀、略饧;豆腐切成小丁。

❷ 锅内加入植物油烧热,下入豆腐丁煎上颜色,取出,加入水发海米、姜末、精盐、鸡精、味精、五香粉、香油搅匀,再加入韭菜末拌匀成馅料。

❸ 面团搓成长条,揪成剂子,擀成圆薄皮❸,放上馅料,对折捏成饺子生坯,放入蒸锅内蒸至熟即成。

农家三鲜蒸饺

▶ TIME / 40分钟 ◀||||

口味:鲜咸味

天津包子

▶ ○──────────── TIME / 30分钟 ◁❚❚❚❚ 　　　　　　　　　　　口味：鲜咸味 ↖

-原 料——

面粉800克／五花猪肉500克／酵面80克／葱末、姜末各25克／酱油3大匙／味精、碱水各1小匙／猪骨汤400克／香油2大匙

-制 作——

1 面粉加上酵面和适量的温水和成膨松面团Ⓐ，待发起后，用碱水揉匀，饧发10分钟。

2 五花猪肉剁成蓉，加上酱油、猪骨汤、味精、葱末、姜末、香油搅匀成馅料Ⓑ。

3 把饧发好的面团搓成长条，揪成小剂子，擀成圆皮，抹上馅料，收口成菊花状，放入蒸锅内，用旺火蒸10分钟至熟，取出装盘即成。

操作难度
★★★☆☆

A

B

-原 料——

面粉300克 / 紫菜25克 / 葱花50克 / 精盐、花椒粉各适量 / 植物油少许

-制 作——

① 面粉加上适量温水和成较软的面团Ⓐ，揉搓均匀，盖上湿布饧5分钟；紫菜泡软，撕成小块，加上葱花、花椒粉、精盐、植物油拌匀成椒盐紫菜。

② 将饧好的面团放在案板上，用擀面杖擀开Ⓑ，表面涂抹匀调好的椒盐紫菜Ⓒ。

③ 将面片卷起来，擀成饼状，放入热油锅中，用小火烙至金黄、酥脆时，取出装盘即可。

操作难度
★★☆☆☆

椒盐紫菜家常饼 DVD

TIME / 40分钟

口味：椒盐味

-原 料——

特级面粉400克／大虾10只／猪肉末、肉皮冻各100克／熟芝麻、鸡蛋清各少许／精盐、鸡精、酱油各适量／姜汁1大匙／料酒3大匙／水淀粉2小匙

-制 作——

① 面粉加上沸水搅拌均匀成面团Ⓐ，搓成长条，分成小剂子Ⓑ；大虾去壳，留尾，洗净，加入精盐、料酒拌匀。

② 猪肉末加入酱油、精盐、姜汁、料酒、鸡蛋清、肉皮冻、鸡精、水淀粉、熟芝麻搅匀上劲成馅料Ⓒ。

③ 面剂用擀面杖擀成荷叶片，中间放上馅料，收口处插上带尾的大虾，捏合好颈口成烧卖生坯，放入蒸锅内，用旺火沸水蒸至熟透，取出装盘即可。

操作难度
★★★☆☆

A
B

虾肉烧卖

TIME / 45分钟

口味：鲜咸味

翡翠拨鱼

▶ ━━━━○━━━━━━━━━ TIME / 60分钟 ◁▮▮▮▮

口味：鲜咸味

-原 料——

面粉、菠菜、猪肉末各150克 / 茄子、绿豆芽各75克 / 青椒、红椒各25克 / 鸡蛋1个 / 葱末、姜末各10克 / 精盐、胡椒粉、酱油、料酒、植物油、花椒油各适量

-制 作——

① 菠菜洗净，放入粉碎机中，加入鸡蛋、精盐、料酒和清水搅打成泥Ⓐ，取出，拌入面粉成糊状，饧20分钟。

② 茄子去皮，切成丁Ⓑ；青椒、红椒分别洗净，切成丁；猪肉末放碗内，加入料酒、酱油、胡椒粉、植物油拌匀Ⓒ。

③ 锅内放入植物油烧热，加入姜末、肉末炒至变色Ⓓ，加入茄子丁、酱油、精盐、胡椒粉和味精烧熟Ⓔ。

④ 加入青椒丁、红椒丁炒匀，出锅后淋上烧热的花椒油成面卤。

⑤ 锅中加水、精盐煮沸，用筷子拨入面糊成拨鱼，加入豆芽稍煮，出锅装碗，淋上面卤即可。

操作难度
★★★★☆

牛肉火勺

TIME / 60分钟 ◁▮▮▮▮

口味：鲜咸味 ↖

-原 料———

面粉500克/牛肉末400克/酵母粉5克/小苏打3克/葱末、姜末各50克/精盐、酱油、香油各1小匙/味精、植物油各1大匙/牛腰油4大匙

-制 作———

① 面粉加入酵母粉、小苏打及温水揉成面团Ⓐ，饧30分钟；牛肉末放入容器内，放入牛腰油、香油、冷水、葱末、姜末、精盐、味精、酱油拌匀成馅料Ⓑ。

② 饧好的面团搓成长条，下小面剂，中间用手按个窝，放入馅料捏严封口，再按两下成火勺生坯Ⓒ。

③ 平锅刷上植物油烧热，转小火，放入火勺生坯煎烙至两面呈金黄色、熟透时，取出装盘即成。

操作难度
★★★☆☆

-原 料——

面粉300克／韭菜末200克／胡萝卜末75克／炸粉丝50克／鸡蛋2个／精盐2小匙／味精1小匙／
植物油、香油各适量

-制 作——

1 面粉加入适量的温水揉搓均匀成面团**A**；少许面粉
加上清水搅匀成面粉糊。

2 鸡蛋放入锅内炒熟，取出、切碎，加上韭菜末、胡萝
卜末、炸粉丝、精盐、味精和香油拌匀成馅料。

3 面团搓成长条**B**，下小面剂，擀成圆皮，放上馅料，
捏成锅贴生坯，放入烧热的煎锅内，淋上植物油，中
火煎至熟，浇上面粉糊稍焖片刻，出锅装盘即成。

操作难度
★★★☆☆

韭香锅贴

▶ ━━━━━●━━━━━━━ TIME / 30分钟 ◀▮▮▮

口味：鲜咸味

风味腊肠卷

▶ ━━━━━━━●━━━━━━━ TIME / 25分钟 ◀▮▮▮▮   口味：鲜咸味 ↖

-原 料——

低筋面粉150克／广式腊肠12根／泡打粉8克／白糖5小匙／叉烧酱3大匙／高粱酒、蚝油各1/2大匙／植物油少许

-制 作——

① 广式腊肠加入叉烧酱、高粱酒、蚝油拌匀Ⓐ；低筋面粉加入白糖、泡打粉和少许清水揉匀成面团Ⓑ。

② 把面团均匀地分切成12份，搓成长约12厘米的长条状，再取1段广式腊肠，用1条面团环绕在腊肠上，制成1份腊肠卷，待全部完成后，放在箅子上Ⓒ。

③ 腊肠卷表面刷上植物油，饧15分钟，放入蒸锅内，用旺火沸水蒸20分钟至熟，出锅装盘即可。

操作难度
★★☆☆☆

南瓜包

▶ ━━━━━●━━━━━━ TIME / 60分钟 ◁▮▮▮▮   口味：香甜味 ↖

-原 料-

面粉500克 / 枣泥馅125克 / 泡打粉5克 / 食用碱水、食用黄色素、可可粉各少许

-制 作-

① 面粉加入泡打粉和适量温水调匀Ⓐ，和成面团，饧30分钟，加上食用碱水揉搓均匀成发酵面团。

② 取少许面团，用可可粉染成棕色；其余面团搓成长条，揪成15克一个面剂Ⓑ，擀成圆皮，包入枣泥馅，捏拢收口，压成扁圆，四周压上印痕，呈南瓜状。

③ 棕色面团捏成三角形瓜蒂，粘在南瓜顶部成南瓜包生坯，放入蒸锅中蒸熟，趁热涂上黄色素即可。

操作难度
★★★☆☆

181

-原料-

面粉300克／牛肉末200克／鸡蛋1个／葱花
25克／精盐少许／花椒粉2小匙／甜面酱1
大匙／香油3小匙／植物油适量

-制作-

1 牛肉末放入大碗中，加入鸡蛋、花椒粉和甜面酱拌匀**A**，再加入味精、香油搅拌均匀至上劲，静置10分钟。

2 面粉放入容器中，加入适量温水和精盐拌匀，再反复揉搓均匀成温水面团**B**。

3 温水面团放入另一容器内，加入植物油**C**，盖上湿布，饧30分钟，再把面团揉搓成长条，切成小面剂。

4 将小面剂擀成薄面皮**D**，包上牛肉馅和葱花，卷起按扁后成圆饼状**E**。

5 饼铛预热，加入植物油，放入牛肉饼煎至酥软熟香，出锅装盘即可。

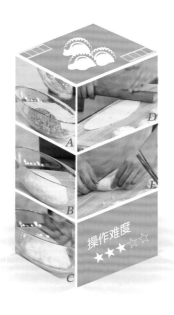

操作难度
★★★☆☆

▶ ━━━━○━━━━━━ TIME / 75分钟 ◀▮▮▮

牛肉酥饼

口味：鲜咸味

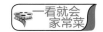
-原 料——

嫩玉米粒500克／面粉200克／鸡蛋1个／发酵粉3克／精盐1小匙／味精1/2小匙／五香粉少许／熟猪油1大匙／植物油适量

-制 作——

操作难度
★★★☆☆

① 把嫩玉米粒放入沸水锅中煮至熟，捞出沥水，剁成蓉Ⓐ；鸡蛋磕在碗内，搅拌均匀成鸡蛋液。

② 将面粉、鸡蛋液、精盐、熟猪油和适量清水调成面粉蛋糊Ⓑ，再加入发酵粉、五香粉、味精、玉米蓉搅匀成玉米面糊。

③ 锅中加油烧热，用小汤匙舀起玉米面糊，下入油锅中炸至玉米球呈金黄色，捞出、沥油、装盘即成。

糯香玉米球

▶ ⬤━━━━━━ TIME / 25分钟 ◁ ▮▮▮▮   口味：香甜味 ↖

蛋黄麻团

▶ ———————○——————— TIME / 30分钟 ◁❙❙❙❙ | 口味：鲜咸味 | ↖

-原 料——

面粉300克/咸鸭蛋黄4个/泡打粉3克/小苏打粉、白芝麻各少许/牛奶3大匙/植物油适量

-制 作——

1 面粉放入盆中，加入牛奶、泡打粉、小苏打粉和少许清水揉成面团**A**，揉搓成长条，下成剂子**B**，按扁后包入咸蛋黄，制成麻团生坯。

2 小碗中装入清水，将包好的麻团生坯放入清水中浸湿，取出后蘸匀白芝麻。

3 锅置火上，加油烧至三成热，下入麻团生坯慢慢炸至浮起，再用手勺推浮在油面的麻团，使其受热均匀，转旺火炸3分钟至表皮呈金黄色即可。

操作难度
★★★☆☆

A

B

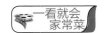

☆ 春季 Spring ☆

分类原则 ▼

　　春季养生应以补肝为主，而且要以平补为原则，不能一味使用温补品，以免春季气温上升，加重身体内热，损伤人体正气。春季饮食宜选用较清淡、温和且扶助正气补益元气的食物。如偏于气虚的，可多选用一些健脾益气的食物，如红薯、山药、鸡蛋、鸡肉、鹌鹑肉等。偏于阴气不足的，可选一些益气养阴的食物，如胡萝卜、豆芽、豆腐、莲藕、百合等。

适宜菜肴 ▼

☆ 夏季 Summer ☆

分类原则 ▼

　　夏季是天阳下济、地热上蒸，万物生长，自然界到处都呈现出茂盛华秀的景象。夏季也是人体新陈代谢量旺盛的时期，阳气外发，伏阴于内，气机宣畅，通泄自如，精神饱满，情绪外向，使"人与天地相应"。夏季饮食养生应坚持四项基本原则，即饮食应以清淡为主，保证充足的维生素和水，保证充足的碳水化合物及适量补充优质的蛋白质，如鱼肉、瘦肉、禽蛋、奶类和豆类等营养物质。

适宜菜肴 ▼

☆ 秋季 Autumng ☆

分类原则 ▼

　　秋季阴气渐渐增长，气候由热转寒，此时万物成熟，果实累累，正是收获的季节。人体的生理活动也要适应自然环境的变化。秋季以润燥滋阴为主，其中养阴是关键。秋季易出现体重减轻、倦怠无力、讷呆等气阴两虚的症状，人体会发生一些"秋燥"的反应，如口干舌燥等秋燥易伤津液等，因此秋季饮食应多食核桃、银耳、百合、糯米、蜂蜜、豆浆、梨、甘蔗、乌鸡、莲藕、萝卜、番茄等食物。

适宜菜肴 ▼

粉蒸南瓜 39／沙茶茄子煲 36／明珠扒菜心 20／拔丝薯球 23／海带结红烧肉 53／
香煎羊肉豆皮卷 81／传统熘肉段 55／人参木瓜炖猪排 66／红烧猪尾 73／
酸辣毛肚 83／芝麻鸡肝 103／杭州酱鸭腿 100／菊香豆腐煲 112／胡萝卜烧鸡 92／
冬菇蒸滑鸡 93／铁板鸡心 102／魔芋烧鸭 111／秘制啤酒鸭 114／乌龙吐珠 148／
香滑墨鱼糕 160／椒爆鱿鱼丁 159／双椒墨鱼仔 161／椒麻鱿鱼花 162／
椒盐紫菜家常饼 174／翡翠拨鱼 176／牛肉萝卜蒸饺 169／南瓜包 181／
糯香玉米球 184／酥炸蚕蛹鸡 96

☆ 冬季 Winter ☆

分类原则 ▼

　　冬季是一年中气候最寒冷的时节，也是一年中最适合饮食调理与进补的时期。冬季进补能提高人体的免疫功能，促进新陈代谢，还能调节体内的物质代谢，有助于体内阳气的升发，为来年的身体健康打好基础。冬季饮食调理应顺应自然，注意养阳，以滋补为主，在膳食中应多吃温性，热性特别是温补肾阳的食物进行调理。以提高机体的耐寒能力。

适宜菜肴 ▼

八宝山药 46／四喜元宝狮子头 50／西式牛肉薯饼 69／沙茶牛肚煲 74／新派孜然羊肉 72／
豆豉千层肉 58／百花酒焖肉 59／冬菜扣肉 61／白肉血肠 67／
牛尾萝卜汤 79／手把羊肉 85／胡萝卜烧羊腩 86／辣椒泡凤爪 108／
香辣爆鸭胗 116／麻辣鳕鱼 130／辣子鱼块 137／
芋薯扣肉饭 167／牛肉酥饼 183／牛肉火勺 178／蛋黄麻团 185／鱼香茭白 35／
茶香栗子炖牛腩 65／炸豆腐丸子 124／天津包子 173

索引二

☆ 少年 Adolescent ☆

分类原则 ▼

少年是儿童进入成年的过渡期，此阶段少年体格发育速度加快，身高、体重突发性增长是其重要特征。此外少年还要承担学习任务和适度体育锻炼，故充足营养是体格及性征迅速生长发育、增强体魄、获得知识的物质基础。少年的饮食要注意平衡，鼓励多吃谷类，以供给充足能量；保证鱼、禽、肉、蛋、奶、豆类和蔬菜供给，满足少年对蛋白质、钙、铁和维生素的需求。

适宜菜肴 ▼

☆ 女性 Female ☆

分类原则 ▼

女性有着与男性不同的营养需要。女性可能需要很少的热量和脂肪，少量的优质蛋白质，同量或多一些的其它微量元素等。很多女性由于工作节奏快或者学习压力大，常常无暇顾及饮食营养和健康，有时候常吃快餐或方便食品，因而造成营养不平衡，时间长了必然会影响身体健康。女性饮食包括适量的蛋白质和蔬菜，一些谷物和相当少量的水果和甜食。此外大量的矿物质尤为适应女性。

适宜菜肴 ▼

☆ 男性 Male ☆

分类原则 ▼

　　男性如果对自身营养关注不够，很容易发生因营养失衡而引起的一系列生活方式疾病。因此，关注男性营养，养成健康的饮食习惯，对于保护和促进其健康水平，保持旺盛的工作能力极为重要。男性在营养平衡的基础上，其基本膳食准则为节制饮食、规律饮食和加强运动。一般男性应该控制热能摄入，保持适宜蛋白质、脂肪、碳水化合物供能比，并增加膳食中钙、镁、锌摄入，以利于身体健康。

适宜菜肴 ▼

鱼香茭白 35／海带结红烧肉 53／沙茶牛肚煲 74／新派孜然羊肉 72／
百花酒焖肉 59／冬菜扣肉 61／白肉血肠 67／蒜泥腰片 71／手把羊肉 85／
豉椒泡菜白切鸡 88／杭州酱鸭腿 100／铁板鸡心 102／秘制啤酒鸭 114／香辣爆鸭胗 116／
酒酿鲈鱼 126／醋酥鲫鱼 128／麻辣鳕鱼 130／辣子鱼块 137／
麻辣小龙虾 152／五谷蟹 155／椒爆鱿鱼丁 159／双椒墨鱼仔 161／
椒麻鱿鱼花 162／红油肉末面 166／蛋黄麻团 185

☆ 老年 Elderly ☆

分类原则 ▼

　　老年期对各种营养素有了特殊的需要，但营养平衡仍是老年人饮食营养的关键。老年营养平衡总的原则是应该热能不高；蛋白质质量高，数量充足；动物脂肪、糖类少；维生素和矿物质充足。所以据此可归纳为三低（低脂肪、低热能、低糖）、一高（高蛋白）、两充足（充足的维生素和矿物质），还要有适量的食物纤维素，这样才能维持机体的营养平衡。

适宜菜肴 ▼

素鳝鱼炒青笋 27／粉蒸南瓜 39／八宝山药 46／黄豆芽炒榨菜 28／
黄豆笋衣炖排骨 60／茶香栗子炖牛腩 65／胡萝卜烧羊腩 86／
香茶三杯鸡 91／香椿鸡柳 98／素烧鸡卷 110／家常豆腐 115／
葱油黄鱼 135／韭香锅贴 179／牛肉酥饼 183／牛肉萝卜蒸饺 169／
四喜元宝狮子头 50／传统熘肉段 55／豆豉千层肉 58／牛尾萝卜汤 79／
魔芋烧鸭 111／五柳糖醋鱼 136／乌龙吐珠 148／老姜鲈鱼汤 134

让我们美味共享

对于初学者，需要多长时间才能真正学会家常菜，并且能够为家人、朋友制作成美味适口的家常菜，是他们最关心的问题。为此，我们特意为大家编写了《吉科食尚—7天学会家常菜》系列图书，只要您按照本套图书的时间安排，7天就可以轻松学会多款家常菜。

《吉科食尚—7天学会家常菜》系列图书针对烹饪初学者，首先用2天时间，为您分步介绍新手下厨需要了解和掌握的基础常识。随后的5天时间，我们遵循家常菜简单、实用、经典的原则，选取一些食材易于购买、操作方法简单、被大家熟知的菜肴，详细地加以介绍，使您能够在7天中制作出美味佳肴。

❖全国各大书店、网上商城火爆热销中❖

《新编家常菜大全》

《新编家常菜大全》是一本内容丰富、功能全面的烹饪书。本书选取了家庭中最为常见的100种食材，为读者介绍多款适宜家庭制作的菜肴。

《铁钢老师的家常菜》

重量级嘉宾林依轮、刘仪伟、董浩、杜沁怡、李然等倾情推荐。《天天饮食》《我家厨房》电视栏目主持人李铁钢大师首部家常菜图书。

《精选美味家常菜》　　　《秘制南北家常菜》

央视金牌栏目《天天饮食》原班人马,著名主持人侯军、蒋林珊、李然、王宁、杜沁怡等倾力打造《我家厨房》。扫描菜肴二维码,一菜一视频,学菜更为直观,国内真正第一套全视频、全分解图书。

（精装大开本,一菜一视频,学菜更直观,一学就会,超值回馈）

百余款美味滋补靓粥
给你家人般爱心滋养

　　《阿生滋补粥》是一本内容丰富、功能全面的靓粥大全。本书选取家庭中最为常见的食材,分为清淡素粥、浓香肉粥、美味海鲜粥、怡人杂粮粥、滋养药膳粥五个篇章,介绍了近200款操作简单、营养丰富、口味香浓的家常靓粥。

美食是一种享受生活的方式
烹调则是在享受其中的乐趣

　　本书选取家庭最为常见的18种烹饪技法,为您详细讲解相关的技巧和要领的同时,还精心挑选了多款营养均衡、适宜家庭制作的美味菜肴,图文并茂、简单明了,让您一看就懂,一学就会,快速掌握家常菜肴的制作原理和精髓,真正领略到烹饪的魅力。

图书在版编目（ＣＩＰ）数据

一看就会家常菜 / 生活食尚编委会编. -- 长春：
吉林科学技术出版社，2014.8
ISBN 978-7-5384-8073-3

Ⅰ．①一… Ⅱ．①生… Ⅲ．①家常菜肴-菜谱 Ⅳ.
①TS972.12

中国版本图书馆CIP数据核字(2014)第195131号

一看就会 家常菜

YIKANJIUHUI JIACHANGCAI

编　　生活食尚编委会
出 版 人　李　梁
策划责任编辑　张恩来
执行责任编辑　赵　渤
封面设计　长春创意广告图文制作有限责任公司
制　　版　长春创意广告图文制作有限责任公司
开　　本　720mm×1000mm　1/16
字　　数　250千字
印　　张　12
印　　数　1-18 000册
版　　次　2014年9月第1版
印　　次　2014年9月第1次印刷
出　　版　吉林科学技术出版社
发　　行　吉林科学技术出版社
地　　址　长春市人民大街4646号
邮　　编　130021
发行部电话/传真　0431-85677817　85635177　85651759
　　　　　　　　　　85651628　85600611　85670016
储运部电话　0431-86059116
编辑部电话　0431-85635186
网　　址　www.jlstp.net
印　　刷　沈阳天择彩色广告印刷股份有限公司
书　　号　ISBN 978-7-5384-8073-3
定　　价　26.80元
如有印装质量问题可寄出版社调换

版权所有　翻印必究　举报电话：0431-85635186